아무도 나를 모르는 곳으로
가고 싶었다

뉴질랜드 워킹홀리데이, 어느 백패커의 수기

아무도 나를 모르는 곳으로 가고 싶었다

글·사진 박유현

harmonybook

프롤로그

트랜지스터 라디오에서

흘러나오는 파란색 소리를

마시며 손톱을 깎았어

파란 담배 연기가

창문 틈으로 찾아온

정오의 나른한 햇살에

배어들고 그 순간

초침은 멎었어

…

- 짙은 '손톱' 가사 중 -

지난 3월, 일자리를 구하는 데 지쳐 이어폰을 끼고 잔디밭에 누워 짙은의 '손톱'을 들었다. 노래 가사는 귀를 파고들며 불안한 마음에 조금의 안식을 주었다. 봄기운 햇살을 받은 나무들도 좋아서 그런지 싱그러운 향기를 진하게 내뿜는 지금, 나는 그때와 같이 잔디밭에 누워 짙은의 손톱을 듣는다. 3월의 뉴질랜드는 이미 과거가 되었고, 그 날의 나 또한 지난날의 내가 되었다.

한 때 사람이 변한다는 것에 대해 비관적인 입장을 가지고 있었다. 집에 빨간딱지가 붙여지는 것을 초등학교 때 처음 접했고 영문도 모른 채 어머니의 손에 이끌려 할머니 집으로 이사를 갔다. 'ㅇㅇ캐피탈입니다.', 'ㅇㅇ캐피탈인데요.' 여기저기서 끊임없이 걸려오는 전화를 받을 때면 부리나케 수화기를 내려놓았고 어렸던 나는 점차 무언가 잘못되어가고 있다는 것을 인지했다.

이 집, 저 집을 전전긍긍하며 생활했던 학창 시절, 아픔을 타인에게 공유하는 것은 내가 가진 약점을 내보이는 것이라 생각했다. 그렇게 나를 감추면서 생겨난 또 하나의 자아는 조금씩 진정한 내가 목소리를 내는 것을 방해했고, 결국 그것은 성장을 가로막는 걸림돌이 되었다. 가만히 제자리에 머물러 있는 나에게, 아니 아래로 아래로 떨어지는 나에게 변화의 기회를 부여해 줄 사람은 아무도 없었다.

자신의 아픔을 감추고 살아가는 사람들. 아픔은 그들에게 트라우마였고 우리의 삶은 그 트라우마로부터 영영 벗어나지 못할 것이라고 생각했다. 그때부터 변화에 대한 편견을 스스로 만들어갔다. 변할 수 없다는 편견에 사로잡혀 그것을 다른 이에게도 마찬가지로 적용했다. 모난 부분을 메우며 더 나은 사람이 되기 위해 노력하는 사람들을 되레 위선자라고 비난했다. 저 사람은 원래 저렇지 않은데 왜 저렇게 행동할 까라며 스스로 만들어낸 편견에 휩싸여 더 나은 변화의 가능성에 늘 부정적인 입장을 취했다.

워킹홀리데이는 그런 나에게 터닝 포인트, 전환점이 되었다. 누군가는 외국으로 떠나는 것이 회피성을 띤 방어 기제라고 하지만 외국 땅에 홀로 떨어진 나는 숨을 겨를이 없었다. 생존을 위해서 내 안에 잠재되어 있던 능력을 최대한 끌어올려 내야 했고, 그것은 부정적인 틀에 얽매여 있던 스스로가 변해야만 가능한 것이었다. 도전했고 나 자신과 치열하게 싸웠다. 사람들에게 먼저 다가갔고 조금씩 타인에게 나를 개방했다. 그 변화는 물론 혼자서 이루어낸 것이 아니었다. 진심으로 나를 아끼고 사랑해주는 사람들, 그 속에서 나 자신을 찾아갈 수 있었다.

시간이 흐르며 조금씩 축적된 경험들은 나를 알게 모르게 조금씩 능동적으로 만들었다. 다르다는 것은 순전히 머리카락이 길고 손톱이 자라

나는 외적인 변화뿐만 아니라 내가 지니고 있던 부정적인 한 면모에서 탈피함을 의미했다. 현재의 나를 부정하는 것은 내가 아직 과거에 머물러 있음을 뜻했고 그것은 자연을 거스르는 고집에 불과한 것이었다. 더 이상 나에게 짙은의 손톱은 나를 위로해주는 대상이 아니었다. 그것은 과거를 회상하는 매개체가 되었고 오히려 따뜻하고 여유롭게 나의 귀를 파고들었다.

생을 한 권의 책으로 표현한다면 누구나 다시 꺼내보고 싶은 기억의 구간에 책갈피를 꽂아 놨을 것이다. 그리고 그것이 좀 더 특별한 경우라면 사진이든, 글이든, 그때 당시 자주 듣던 음악이든 회상의 매개를 남기기 마련이다.

나의 삶 한편, 살며시 꽂아 넣은 책갈피.
여행의 과정을 담은 그 기록에 독자들을 초대하려 한다.

제2장
뜻대로 되란 법은 있다

제3장
백패커의 삶은 배고픔이다

제4장
닻 내린 배는 항해할 수 없다

제1장

계란으로 바위를 쳐본다

전역일은 26일이고 왜 하필이면 비자 신청일이 30일이었는지. 운명의 장난처럼 모든 계획은 수포로 돌아가는 듯했다. 여권을 만드는데 필요한 최소한의 기간은 4일. 전역 후 곧바로 여권을 만든다고 해도 비자 신청을 하지 못할 터였다. 전역을 2주 앞두고 말년 휴가를 나온 나의 머릿속은 복잡해졌다. 선착순으로 진행되는 비자 신청에 차질이 없기 위해선 반드시 여권을 미리 만들어야 했다.

급한 대로 시청에 가니 현재 복무 중인 군인은 전역예정증명서가 없으면 여권을 만들 수 없다고 했다. 전역예정증명서는 군대에서만 출력할 수 있었기 때문에 나는 망연자실하며 혼란에 휩싸였다.

'어떻게 해야 되나… 일단 부대로 연락해보자.'

이 증명서를 발급하기 위해 부대 사람들을 괴롭혔다. 후임부터 해군본부 담당 인사처 간부까지. 일개 병장이었지만 이런 상황에서 계급이 무슨 상관이 있겠는가. 사정을 말해 최대한 빨리 발급을 처리해달라고 재촉했고 그렇게 부대에서 시달된 공문은 상부로 전해졌다. 그리고 며칠

뒤 승인이 떨어지며 후임으로부터 전역증명서를 특급 등기로 받을 수 있었다.

다행스럽게도 말년 휴가는 13박 14일. 시청으로 갈 수 있는 시간적 여유가 있었다. 다시 마주한 시청 담당자는 놀라움을 금치 못하며 필요한 서류는 다 준비됐으니 여권은 4일 후에 받을 수 있다고 나에게 말했다. 그렇게 나는 다시 희망을 품을 수 있게 되었다.

우여곡절 끝에 여권은 만들었지만 또 다른 관문이 남아있었다. 바로 비자 신청. 호주와는 달리 뉴질랜드 워킹홀리데이 비자는 선착순으로 정해진 인원만이 티켓을 거머쥘 수 있었다. 비자를 신청할 수 있는 시각은 4월 30일 7시부터였다. 이른 새벽 집을 나와 집 근처 pc방으로 향했다. 인터넷에 떠도는 정보로 미리 시뮬레이션을 해보았다. 빠른 시간 내에 정보를 기입하고 신청 버튼만 잘 누르면 되는 것이었다. 하지만 비자 신청자 수가 많은지 서버는 폭주하여 급기야 다운되기에 이르렀다.

'페이지를 표시할 수 없습니다.'

이미 비자 신청이 마감된 것일까. 새로고침을 눌러도 변하지 않는 화면을 망연하게 쳐다보았다. 그간 비자 신청을 위해 해온 모든 짓들이 부질없게 느껴지며 화가 치밀었다. 그런데 그때, 홈페이지가 다시 열리는 것이 아닌가. 심호흡을 한 번하고 연습한 대로 침착하게 인적 사항을 기입

하고 마지막으로 결제를 눌렀다. 그러자 화면에 문구가 나왔다.

'your application has been applied.'

1,800명이 갈 수 있는 뉴질랜드 워킹홀리데이. 여행의 첫 관문을 나는 무사히 통과한 것이었다.

비자 신청 후, 본격적으로 워킹홀리데이 준비를 해나갔다. 현지에 도착하고 3개월 정도 어학원에서 공부를 하며 적응하는 것이 좋다는 경험담을 보고 출국 전까지 충분한 자금을 모으고자 울산의 한 공장으로 들어갔다. 하지만 공장에서 적금을 들어 모았던 돈을 아버지 사업 자금으로 빌려드리면서 나의 준비는 또다시 새로운 국면을 맞았다. 당시 출국 전까지 아직 시간이 많이 남아있었기 때문에 대수롭지 않게 돈을 드렸지만 아버지의 일이 뜻대로 풀리지 않았고, 나는 다시 초기 자금을 모아야 하는 상황에 처했다. 이른 새벽에 출근해서 온 몸이 땀에 젖도록 힘들게 일했던 당시를 생각하니 어떤 일도 손에 잡히지 않았지만, 어렵게 얻은 비자를 허공에 날려 버릴 순 없었다. 스스로를 다독이며 새로운 일자리를 찾아 다시 돈을 모았다.

당시엔 위로와 격려의 말들이 간절했지만 점차 자연스럽게 잊고 다시 일어나는 나의 모습을 발견했다. 그리고 뉴질랜드에서도 이런 마음가짐으로 생활한다면 분명히 원하는 바를 이루리라 생각했다. 여권발급부터

준비과정까지 그간의 마음고생을 생각하면 어쩌면 나는 이미 워킹홀리데이를 시작하고 있는지도 몰랐다.

잘 다녀오라는 지인들의 격려가 고마웠지만, 차라리 나가 죽어라 이런 말에 마음이 편했던 이유는 무엇일까. 외국 생활이 처음일뿐더러 순전히 모든 것을 내가 해결하고 책임져야 하기에 어깨가 무거워지는 느낌이 들었다. 최소한 내가 만족할 정도로만 생활할 수 있다면, 수많은 푸념과 원망을 반성하며 '그것들이 있었기 때문에 가능한 것이었다.'라고 말하며 돌아오는 정도만 할 수 있었으면 하는 바람이 들었다.

새로운 삶이 기대되었다. 기대와 설렘이 막연한 두려움을 밟고 올라선 기분이랄까. 오랜만에 여행 유전자들도 활동을 시작하기 위해 기지개를 켜는 듯했다.

남반구와 북반구의 계절은 다르다

일본 나리타공항에서 경유하여 뉴질랜드 오클랜드 국제공항에 도착했다. 한 겨울이었던 한국과 달리 뉴질랜드는 정반대로 여름이었기 때문에 비행기에서 내리자마자 후끈한 열기가 나를 반갑게 맞이했다. 입국심사대에서 순조롭게 검문을 마치고 수화물을 찾아 공항 밖으로 나갔다. 뉴질랜드의 첫인상은 한국과 많이 대비되었다. 태양은 손에 잡힐 것만 같이 아주 가깝게 느껴졌고 그만큼 열기가 한국의 여름보다 훨씬 더 뜨거웠다. 대신 상쾌한 공기와 탁 트인 하늘을 보니 미세먼지로 가득한 서울의 도심보다 한결 이미지가 밝아 보였다.

보통 워킹홀리데이를 온 사람들은 초기 정착지로 오클랜드 시티를 선택하는 것이 다반사다. 오클랜드는 정착에 필요한 공공기관과 편의시설이 잘 갖춰진 대도시이고 일자리도 많다. 또한 한국인들이 많이 거주하기 때문에 대부분의 워홀러들은 오클랜드를 초기정착지로 결정한다. 하지만 나는 팍팍한 도시의 삶에 지쳐있었고, 좀 더 색다른 시도를 하기 위해서 초기 정착지를 오클랜드보다 작은 도시인 해밀턴으로 결정했다. 물론 은연중엔 한국인을 마주치지 않고 진정한 외국 문화를 체험해보자 라는 생각이 해밀턴을 선택한 결정적인 요인이기도 했다.

버스체계가 한국과 많이 다른 탓에 나는 갈피를 못 잡고 처음부터 우왕좌왕했는데 친절한 공항 직원 분이 나서서 나를 도와주셨다. 그렇게 나는 다행히 지친 몸을 버스에 실을 수 있었다. 창밖으로 보이는 뉴질랜드의 모습은 아름다웠다. 드넓게 펼쳐진 들판과 티비에서만 보던 양 떼들이 풀을 뜯는 모습이 보였다. 드문드문 보이는 지붕 굴뚝 위로는 연기가 뭉게뭉게 올라오고 있었다. 시원하게 잘 닦여있는 우리나라의 고속도로와는 달리 도로가 양쪽으로 일차선 밖에 있지 않았고, 그 도로 위를 달리는 차들 또한 그리 많지 않았다. 옆에 앉은 여행객으로 보이는 한 외국인은 맨 발에 당근을 오독오독 씹고 있었는데 이런 모든 광경은 나에게 신선한 이미지로 다가왔다.

3시간 정도 지났을까 버스는 해밀턴 정류장에 다다랐다. 해밀턴 시내는 생각보다 그리 크지 않았다. 보통 뉴질랜드에선 시내를 시티 센트리(city centre)라고 하는데 우리나라와 비교해서 그 규모가 너무나도 작았다. 과연 이곳에 나를 고용해줄 만한 곳이 있을지 뉴질랜드에 도착한 지 4시간이 채 되지 않아 일자리 걱정이 앞섰다.

yha 호스텔에 도착하기까지 가장 많이 쓴 영어는 익스큐즈 미, 캔 유 헬프 미였다. 길을 헤매면서 우왕좌왕하고 있을 때마다 이곳 사람들은 크고 작은 친절을 베풀며 아주 세심하게 도움을 주었다. 이러한 선행이 이곳에 깔려있는 문화라면, 나 같은 초보 여행자에게 그런 문화는 사막의 오아시스와 같다고 생각했다. 바쁘게 걸어가며 지나치는 사람들을 의식

하지 않는 것이 한국에서 익숙한 문화였다면, 어쩌면 이 나라는 주위를 돌아보며 걸음이 느려지게 만드는 여유가 있는 곳이란 생각이 들었다.

호스텔을 찾으려고 거리를 활보한 것이 화근이었을까. 샤워 후 몸을 보니 땡볕에 벌겋게 익은 팔다리가 보였다. 피부 껍질이 벗겨져 온 몸이 욱신거렸다. 집에서 아버지가 챙겨준 라면으로 끼니를 때우고 밖에 나가니 별이 많이 보였다. 고층건물도 없고 밤이 되니 조명도 잘 보이지 않았다. 항상 차와 사람으로 북적이던 한국 거리에 익숙해져 있던 탓일까. 그것을 피해 온 해밀턴이었지만 막상 도착하니 주위의 적막에 적응하기가 어려웠다.

'한국은 지금쯤 5시겠지. 엄마는 이제 퇴근했겠구나.' 시차 생각을 하니 정말 뉴질랜드에 와있는 것이 실감 났다. 그리고 문득 같은 방에 머무르고 있는 터키인이 나에게 해준 말이 떠올랐다.

'일을 구하러 해밀턴에 온 것이라면 나는 반대야. 여긴 너에게 무척 더울 수도 있고, 일자리도 그리 많지가 않아. 아마 남섬에 있는 퀸즈타운으로 가면 일자리가 좀 많을 거야. 식당에서 서빙 일이라던 지 호텔에서 하우스 키핑을 할 수 있을 거야. 관광지라서 연중 사람들로 북적이거든.'

느릿느릿하고 고요하게 숨을 쉬는 뉴질랜드의 밤. 하늘에 걸려있는 별들이 그나마 불안한 나의 마음을 위로해주는 것 같았다. 초기 정착지로 해밀턴을 왔지만 마음속 나침반은 다른 방향을 가리키며 이곳을 떠나라고 재촉을 하는 것 같았다. 낯선 땅에서 보낸 24시간. 나에게 주어진 1년의 비자가 저 멀리 있는 별처럼 기약 없는 약속과 같이 길고 아득하게만 느껴졌다.

내일도 아침 해는 뜬다

일기를 쓰고 싶었지만 이것저것 하다 보니 벌써 시침은 11시를 가리키고 있었다. 노트북 불빛과 타자 소리로 다른 사람들이 자는데 방해가 될까 싶어 노트북을 덮고 잠을 청했다. 눈을 감았지만 쉽사리 잠에 드는 것이 어려웠다. 내일은 무엇을 해야 할지, 지역을 이동해야 하는지, 아니면 계획대로 밀고 나갈 것인지. 아직 이틀밖에 되지 않았지만 많은 생각들이 뇌리를 스쳐 지나갔다.

룸메이트들은 인도인 한 명과 체코인 한 명인데, 인도인은 회계사로 4년 동안 뉴질랜드에 거주했고 해밀턴에 잠시 출장을 온 상태라고 했다. 아침 일찍 나가 저녁 늦게 들어와서 대화를 나눌 기회가 별로 없었지만 일자리를 찾을 거라면 퀸즈타운으로 가라는 고마운 충고를 해주신 분이었다. 그리고 다른 한 명은 체코인이었다. 한국 나이로 스물다섯. 나보다 한 살 형이었지만 친구 같은 느낌이 들었다. 1년 좀 넘게 뉴질랜드에서 워킹홀리데이 비자로 있으면서 그는 하우스키핑, 우프, 농장 등지에서 일을 하며 여행을 다녔고, 3일 뒤에 고국으로 떠난다고 말했다. 처음 이 친구가 방으로 들어왔을 때 자기 몸보다 큰 가방을 메고 들어오는데, 긴 머리와 수북한 수염 사이로 환히 웃는 그의 모습에서 숙련된 여행자의 여유가 느껴졌다. 나도 과연 1년이 지나면 저렇게 자연스러운 여행자의 느낌이 날까. 뉴질랜드에 온 지 이틀째, 마치 내가 꿈에 그리던 모습을 마주한 느낌이었다.

실로 이틀간 많은 고민을 했다. 원래 계획대로 해밀턴에서 계속 지내면서 바리스타 일자리를 구할지, 아니면 체코인 친구가 추천한 우프를 구하여 다른 곳으로 이동해야 할지. 갈피를 못 잡는 상황에서 숙식을 제공받으며 생각을 정리할 시간을 가질 수 있는 조건의 우프는 나에게 참 매력적으로 보였다. 현지인 가정과 살아가며 새로운 경험을 해보는 것도 나쁘지 않았고, 카페일은 현지 생활에 적응하지 못했을뿐더러 영어도 잘 들리지 않는 상태에서 무리가 아닐까 싶었다. 그래서 할 수 있다면 우프를 해보기로 결정하고 40달러를 주고 현지 우프 사이트에 가입했다.

먼저 다른 우퍼들의 프로필을 참조해서 나를 어필할 수 있는 자기소개서를 간단히 만들었다. 하지만 막상 쓰려고 하니 마땅히 쓸 내용이 없었다. 농장과 관련된 일을 해 본 기억은 군 생활 때 대민지원을 나가서 비닐하우스 철거 작업을 한 것뿐. 이리저리 머리를 굴려 쓰다 보니 a4용지 반 정도 분량이 나왔다. 그마저도 글씨 크기를 크게 해서 늘린 것이었다. 우프 사이트에는 사람을 구하는 공고가 많이 올라와있었고 해밀턴과 가까운 열 곳에 프로필을 보냈다. 경험도 별로 없고 영어 실력도 엉망인 나를 누가 고용해주겠냐 만은 나는 희망을 품고 기다리기로 했다.

morgen ist nach ein tag.

내일도 아침 해가 뜰 것이다.

독일의 격언 중 하나이다. 군 생활 당시 생활관 화장실에서 볼일을 볼 때 유성매직으로 이 문구를 문에다 적어놨었다. 가끔씩 이 문구를 볼 때면 힘들었던 이병, 일병 시절 나름대로 위로를 받기도 했었다. 전역 후 이 글귀가 잠시 잊혀진 듯했으나, 이국땅에서 홀로 시간을 보내니 불안한 탓일까. 글귀가 다시 생각났다. 내일의 해는 나에게 또 다른 길을 인도할 것이라며 그렇게 글귀는 침대에 누워있는 나에게 다시금 조그마한 안식을 주는 듯했다.

느낌이 오는 순간을 놓치면 안 된다.

후회하기 때문이다.

이 방향이 틀린 것 같다면

새로운 길로 걸어가야 한다.

조금 우회하더라도

결국 힘을 내면

목적지에 다다를 것이기 때문이다.

무엇이든 적응할 시간과 받아들일 시간이 필요한 걸까. 신기하게도 사람은 적응을 하면 그다음부터는 익숙함과 편안함을 느끼고 여유를 가지게 된다. 해밀턴 호스텔에서 머무를 땐 눈치가 보여서 요리는 고사하고 라면과 햇반으로 근근했다. 사람이 무서워서 먼저 다가가지 못했고, 필요 이상의 걱정을 했다. 이는 나의 소극적인 태도에 의한 것이었다.

한국에서 여행을 다닐 땐 한 없이 마음이 편했다. 낯선 곳에 가도 익숙함을 느낀 것은 여행에서 통하는 공통분모를 알고 있기 때문이었다. 어딜 가든지 나는 공통분모를 찾았고, 그것은 나를 낯섦에서 벗어나게 해주었다. 비록 언어가 다르고 문화가 다른 뉴질랜드였지만 방 안에 침대 하나씩을 차지한 여행자들 사이에도 공통점이 있었다. 커다란 배낭과 굽이 닳아 있는 낡은 등산화만 보더라도 동질감을 느꼈고 그 동질감은 여행자들 간 대화의 시발점이 되었다.

정착하기로 했던 해밀턴에서 생각을 달리해 북섬의 최남단 웰링턴에 왔다. 웰링턴 yha에서 4명이 한 방을 쓰고 있었는데, 국적이 모두 달랐다. 한 명은 어제 뉴질랜드에 입국한 프랑스인, 한 명은 뉴질랜드 it업계에서 실직한 터키인, 그리고 마지막 한 명은 세계여행을 하고 있는 미국인 교수였다. 밤이 되어서야 한자리에 모여 이야기를 할 수 있었는데, 한 가지 재미있었던 것은 나에게 던진 미국인 교수의 질문이었다. 한국인 학생을 가르친 적이 있었는데, 그 학생은 읽고 쓸 줄은 알지만 정작 말하는 것을 잘하지 못했다고 했다. 언어에 있어서 가장 중요한 것은 말하기인데, 왜 한국인들은 정작 그게 안 되냐면서 나에게 되묻는 것이었다.

"헤이 팍(나를 PARK이라 소개했다) 내가 예전에 한국인 학생들을 가르친 적이 있었는데, 그 친구들이 읽기 쓰기는 잘했지만 정작 말하고 듣는 건 잘 못하더군. 혹시 왜 그런지 알아?"

뜬금없는 질문이었지만 대부분의 학생들이 공감할만한 질문이었다.

"음… 어쩌면 나라가 너무 빨리 발전해서 모든 것을 다 좋은 방향으로 수용하지 못했을 수도 있어. 그래서 가까운 일본의 읽기와 쓰기에 집중된 교육 방식을 빌려왔지. 이상하게 취업을 할 땐 말하기를 요구하는데, 정작 학교에선 그에 대한 중요성을 말해 주지는 않았던 것 같아."

미국인 교수는 의아하다는 듯이 고개를 절레절레 저으며 말했다.

"내 아이를 비싼 돈 들여 한국어를 가르치려 학원에 보냈는데, 정작 한국어를 말할 줄 모른다면 화를 냈을 거야."

미국인 교수의 말을 듣고 보니 틀린 말은 아닌 것 같았다. 학창 시절, 다소 읽기와 듣기에 치우쳐 있던 우리나라의 영어교육은 외국에 처음 나온 내가 쉽게 말문이 트게 해주진 않았다. 중고등학교 시절에는 그저 영어가 공용어로서 중요하고 수능시험에서 큰 비중을 차지하는 한 과목이라는 단순한 이유로 공부를 했었다. 만약 내 생각을 정확하게 외국인들에게 전달하고 또 그들의 언어를 제대로 이해하겠다는 생각으로 공부를 했었더라면, 좀 더 진취적으로 학습을 하고 실전에서도 써먹을 수 있지 않을까.

부족한 영어실력으로는 각기 다른 발음으로 오가는 말들을 완전히 이해하기 어려웠다. 그래도 틈바구니에 끼어서 어느새 소리를 내고 있는 나를 발견하며 백패커들 사이에서 나도 어떤 소속감을 느낄 수 있었다. 대화에 참여하는 것만으로도 그간 사람을 두려워했던 나에겐 큰 성과였던 것이다. 하지만 미국인 교수와 대화하면서 나의 의사를 제대로 전달하기 위해선 먼저 우리나라를 잘 알아야 하고 어느 정도의 영어 실력이 뒷받침되어야 한다는 것을 깨달았다. 자칫 잘못하면 내가 내뱉은 말이 한국을 잘못 이해하게 만들 수도 있기 때문이었다.

한바탕 신나게 떠들다 보니 밤이 깊어졌다. 서로 굿나잇을 외치며 하나 둘씩 이불속으로 들어갔고 방을 밝히던 불은 꺼졌다. 침대에 누워 그간 있었던 일을 정리해 보았다. 웰링턴에 오기 전 지난 며칠 동안 나는 불안감에 잠을 설쳤다. 기껏 뉴질랜드에 왔는데 이도 저도 못하고 빈손으로 돌아갈 수도 있겠다는 두려움은 일을 구해야 한다는 강박에서 오는 것이었다. 하지만 사람들과 이야기를 하며 내가 여기에 단지 돈을 벌려고 온 것이 아니란 걸 환기하면서부터 시야가 조금씩 트이는 기분이었다. 뉴질랜드는 여행하기 좋은 곳이다. 천혜의 자연환경과 트레킹, 하이킹, 각종 레저 스포츠와 익스트림 스포츠를 좋아하는 사람들에겐 천국이나 다름없는 곳이다. 그래서 나는 일을 구하는 데 급급하기보다 좀 더 단순한 방향으로 나의 계획을 수정하기로 마음먹었다.

아랫도리만 남겨 놓고 상의를 탈의한 채로 자는 모습. 생김새는 각기 다르지만 한국이나 미국이나 프랑스나 자는 모습은 다 비슷했다. 하나둘씩 코를 골기 시작하며 각 국에서 만들어낸 코골이 소리가 방 안에 울

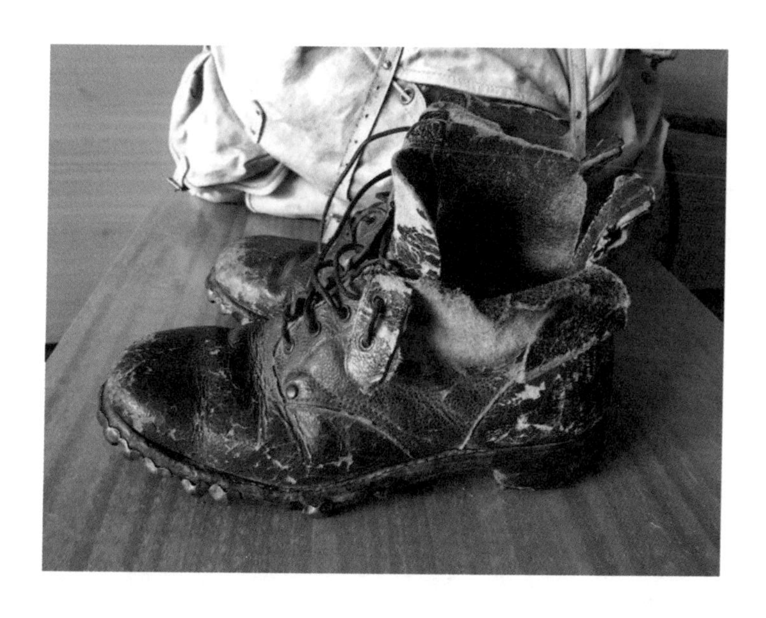

려 퍼졌다. 이질적으로 느껴지던 뉴질랜드가 처음으로 편안하게 느껴지는 밤이었다. 아비(터키인)가 좀 전에 던졌던 시시한 농담을 떠올리니 나도 모르게 안면 근육이 씰룩였다. 그리고 그렇게 나도 코골이에 동참하기 위해 눈을 감았다.

There is a Rudolph that has no eyes. What is this?

캐리어를 배낭으로

남반구의 따뜻한 2월 햇살을 머금은 웰링턴 거리는 사람들로 붐볐다. 나는 카페 분위기를 파악해볼 겸 바닷가에 위치한 카페 안으로 들어가 보았다. 롱블랙을 한 잔 시키고, 창가에 자리를 잡았다. 바 안에선 커피를 가는 그라인더와 우유를 데우는 스팀 머신 소리가 끊이질 않았다. 그저 손님이었다면 신선한 카페 분위기를 즐겼겠지만, 머릿속에선 과연 내가 이런 바쁜 환경에서 일을 할 수 있을까 라는 걱정이 사라지지 않았다. 가방에는 혹시나 해서 준비한 이력서가 있었다. 롱블랙을 마시는 한 편 바 안을 유심히 지켜보며 고민에 빠졌다.

'한 번 이력서를 줘볼까, 아니야, 이런 바쁜 곳에서 내가 잘할 수 있을지 모르겠어.'

액션을 취해야 할 그 순간 막상 계획했던 대로 이력서를 꺼내들 용기가 선뜻 나지 않았다.

은색 저그에 담긴 뜨거운 물을 다시 튤립 컵에 채우기를 몇 번 반복하다가 나는 결국 그대로 카페에서 나왔다. 좀 더 한산한 거리에 위치한 카페를 찾아보기로 했다. 바닷가에 위치한 카페보다는 비교적 조용한 곳에 다다랐다. 이력서를 가방에서 꺼내 심호흡을 한 번하고 문을 열고 들어갔다. 바에서 인사하는 목소리가 들리며 직원들이 웃으며 나를 반겨주었다. 하지만 나는 또다시 이력서를 주지 못하고, 멋쩍게 'sorry'를 외치고 밖으로 나와 버렸다. 무엇이 문제일까. 이력서를 낸다고 바로 연락이 오는 것도 아닌데 막상 시도를 하자니 용기가 나지 않았다. 현지 카페에 대한 막연한 두려움 때문일까. 아니면 영어에 대한 두려움 때문인 걸까. 아니면 나의 실력에 자신감이 없어서일까. 울적한 기분으로 호스텔을 향해 발걸음을 돌렸다. 하루 반나절을 길거리를 배회하며 돌아다녔는데 아무런 소득 없이 돌아가는 스스로가 한심하게 느껴졌다.

지친 마음으로 호스텔에 돌아가려던 찰나, 한 통의 문자가 왔다. 해밀턴에 있을 때부터 지푸라기라도 잡는 심정으로 메일을 보내 놨던 우프 호스트 가운데 한 곳에서 연락이 온 것이었다. 나에게 연락을 준 곳은 웰링턴에서 4시간 정도 떨어진 킹볼튼에 위치한 작은 농가였다. 지금 우퍼를 하고 있는 친구가 일주일 후에 떠나니 그때부터 시작해보는 것이 어떻겠냐는 내용이었다. 나는 고민할 것 없이 그렇게 하겠다고 답장을 보냈다.

벅찬 마음으로 노을이 내리는 웰링턴 바다를 바라보았다. 우프 생활을 하면서 현지 생활에 적응한 후 계획대로 바리스타 일을 구하는 것도 나쁘지 않겠다는 생각이 들었다. 목적지가 생겼다는 것. 그리고 미래를 어느 정도 예측할 수 있다는 것은 뉴질랜드에 도착하고 계속 방황하던 나에게 크나큰 안도감을 선사해주었다.

GATE 1a

호스트가 있는 파머스턴노스로 떠나기 전 호스텔 방에서 짐을 정리하다가 캐리어 바퀴 한쪽이 떨어져 있는 것을 발견했다. 지면의 뜨거운 열기와 무게를 버티지 못해 결국 바퀴가 떨어져 나간 것이었다. 다른 외국인 배낭여행객들이 대개 등에 큰 배낭 하나와 앞으로 작은 배낭을 메고 다니는 것을 자주 봤었기에 나는 큰 배낭을 구입하기로 결정했다. 캐리어에 있는 모든 짐을 배낭에 넣으니 다시 새로 시작하는 느낌이 들었다.

어깨와 다리에 모든 짐의 무게가 고스란히 전해졌다. 사이드 끈으로 허리를 단단히 고정시켜 무게를 분산시켰다. 질질 끌고 다니던 캐리어가 손에서 떠나니 진짜 백패커가 된 기분을 느꼈다. 다들 이렇게 우연과 운 그리고 작은 노력에 이끌려 워킹홀리데이의 첫 단추를 꿰는 것이 아닐까. 캐리어에서 배낭으로 그렇게 나는 다시 설렘을 안고 새로운 목적지를 향해 길을 떠났다.

완행버스가 적응될 즈음

뉴질랜드 버스는 우리나라 완행열차와 운행 방식이 비슷했다. 완행열차는 역에서 사람을 내리고 다시 태우고를 반복하며 마지막 종점까지 가는데, 뉴질랜드 버스 또한 그랬다. 분명히 다이렉트(direct)라고 되어있어서 '아 따로 정차 없이 바로 목적지로 가는구나' 했는데 웬걸 이곳저곳에서 내리고 태우고를 반복했다.

해밀턴에서 웰링턴으로 내려올 땐 밤차를 탔었다. 잠이 좀 든다 싶으면 중간에 정차를 하니 버스 안의 불이 환하게 켜질 때마다 잠이 깨서 제대로 잘 수가 없었다. 그래서 다이렉트의 뜻은 우리나라처럼 직행이 아니라 다른 버스로 환승할 필요가 없다는 것을 비로소 깨달았다. 한국의 고속버스와 비교하면 이런 점이 불편하긴 했지만 인구가 적다 보니 교통체계가 우리나라만큼 발달할 필요가 없을 것이란 생각도 들었다.

우프를 하기 전 여행을 할 겸 인근 도시인 왕가누이에서 며칠을 보내기로 했다. 웰링턴에서 왕가누이로 넘어오기까지 버스로 5시간 남짓 걸렸다. 보통 타기만 하면 4시간은 기본으로 달리는 뉴질랜드 버스도 차츰 적응이 된 것일까. 중간중간 사람을 태울 때마다 버스에서 내려 기지개를 한번 켜고 새로운 도시에 발도장이라도 찍을 수 있으니 완행버스도 나쁘지 않다는 생각이 들었다.

웰링턴에서 왕가누이로 올라가는 길은 정말로 아름다웠다. 도로가 바다를 끼고 있었기 때문에 해안가를 보면서 갈 수 있었는데 에메랄드 빛깔 바다 표면엔 햇빛이 반짝반짝거리고, 그 위로 구름 몇 점이 떠있는 걸 보니 속이 뻥 뚫리는 느낌이었다. 다른 사람들은 계속 보면 그 경치가 그 경치라면서 질린다고들 하는데 아직 처음이어서 그런지 그저 모든 것이 다 신기할 따름이었다.

도시에서 도시로 넘어가며 뉴질랜드와 좀 더 친해질 수 있지 않았나 생각이 들었다. 도시마다 색깔이 있었다. 남섬으로 넘어가는 관문 역할을 하는 수도인 웰링턴이 항구가 발달되어 있고 관광객과 유동인구가 많았다면, 오클랜드로 가는 관문 역할을 하는 해밀턴은 화물차량의 이동이 많아서 창고가 많았다. 왕가누이는 훨씬 더 조용한 뉴질랜드의 느낌이 강하게 들었다. 외국인이 거의 없는 듯하고 도시긴 하지만 그 규모가 웰링턴에 비해 작게 느껴졌다. 특히 왕가누이는 강과 바다가 만나는 지점에 있기 때문에 강에선 카누와 보트를 타고 수영하는 사람들을 많이 볼 수 있었다.

예약해둔 숙소에서 하루를 묵고 미리 봐 두었던 캐슬 클맆(Castle Cliff)이란 왕가누이 명소를 갔다. 숙소에서 바다까지의 거리는 걸어서

가기엔 짧은 거리는 아니었지만 하도 걸어서 그런지 왕복 20km쯤은 아무것도 아니었기에 아침 일찍 숙소를 나섰다. 바다에 도착해서 깜짝 놀란 것은 모래사장이 노랑빛이 아닌 검은빛이었다는 것. 곱디고운 까만 모래사장은 하늘에서 까만 눈이 내려 쌓인 듯 눈앞에 기다랗게 펼쳐져 있었다. 모래사장에 어지러이 널려져 있는 통나무 하나에 걸터앉아 들고 온 맥주를 마셨다. 저 멀리 보이는 수평선과 넘실거리는 파도를 바라보니 나도 모르게 상념에 잠겼다.

정착하고 일을 해도 모자랄 판에 나는 이곳에서 도대체 무엇을 하는 것일까. 아름다운 이 바다를 내가 다시 볼 수 있을까. 멀리 보면 삶은 유한한 것인데 그 안에서 그리 치열하게 살 필요가 있을까. 혼자 보기 아까운 아름다운 광경을 다른 사람들과 나누고 싶기도 했다. 한국에서 1만 킬로미터 정도 떨어진 어느 낯선 바다에서 아주 익숙한 것 마냥 맥주를 마시고 있는 내가 참 우습게도 느껴졌다. 나라는 사람을 아무도 모르는 이 땅에서 어쩌면 나는 그토록 갈망하던 자유를 그 자리에서 조금은 느꼈는지도 모른다. 저 멀리 홀로 기다란 발자국을 남기며 걸어가는 여인의 뒷모습이 아름답게 느껴졌다. 조급함에서 벗어나 마주한 잊고 살았던 여유. 바다로 쏟아지며 반사되는 햇살과 바람을 느끼며 나는 내가 사랑하는 사람들을 생각했다.

현지 가정에 스며들다

뉴질랜드 중남부. 이곳은 산골짜기에 위치한 킹볼튼이다. 안주인 아네트와의 첫 만남은 차로 1시간을 달려야 갈 수 있는 도시 파머스턴노스에서 이루어졌다. 이 전 우퍼였던 프랑스인 친구를 내려주는 동시에 나를 집에 데려왔는데, 우람한 몸집의 아네트는 첫인상부터 뭔가 강렬해 보였다. 나를 픽업해 집으로 향하는 길, 아네트가 나에게 몇 마디 던졌었지만 대화는 길게 이어지지 못했다. 메시지를 주고받을 때는 엄청 활기찬 사람인 것처럼 나를 어필했었는데, 아마 그렇지 않은 나의 모습을 보고 아네트가 많이 실망했으리라 짐작했다. 막상 낯선 외국 가정에 들어간다고 생각하니 긴장이 많이 되었고 나는 사뭇 조용한 태도로 차량 뒷좌석에서 창밖을 응시하며 시선을 회피했다.

집에 도착하니 제일 먼저 강아지들이 나를 반겼다. 꼬리를 흔들며 반기는 강아지들 뒤로 꼬마 아이 한 명이 나를 무심하게 쳐다보고 있었다. 인사를 건넸지만 심드렁하게 받아치는 걸 보니 나의 첫인상이 그리 좋지 않구나 생각했다. 남편인 제프가 악수를 청했고 집의 전반적인 구조와 내가 해야 할 일들에 대해서 간략하게 설명을 해주었다. 그리고 제프는 내가 묵게 될 숙소로 나를 안내했다. 당분간 나의 방이 될 창고 같은 곳은 머물기엔 전혀 불편함이 없어 보였다. 여태껏 호스텔에 지내면서 다른 사람들과 함께 지내며 자유가 제약되었었기 때문에 그저 나만의 공간이 생겼다는 것이 너무나도 기뻤다. 제프는 먼저 짐을 풀고 오늘은 피곤할 테니 내일부터 차근차근 일을 해보자란 말을 남기고 방을 떠났다.

작은 산골 마을에 위치한 아네트의 집엔 총 4명의 식구가 있었다. 안주인 아네트, 남편 제프, 아들 카일린, 그리고 엘린이다. 처음에 엘린이 식구인 줄 알았었는데 엘린은 카일린을 돌보고 집안일 전반을 도와주는 오페어(Au pair)였다. 제프는 마오리 출신이고 아네트는 스웨덴 사람이었으며 둘은 같은 연구소에서 일하다가 결혼하게 되었다고 했다.

첫 일주일 동안 적응하기가 무척 어려웠다. 여행자의 신분에서 벗어나 다른 사람의 집에서 생활하며 그들의 생활 패턴을 익혀야 한다는 것에 일종의 부담감을 느꼈다. 가정의 일원으로서 소속감을 느끼고 싶었지만 가뜩이나 내성적인 내가 척하고 다가가는 것은 너무나도 힘들었다. 어리고 장난기 많은 카일린에게 어떻게 눈높이를 맞추고 다가가야 할지, 동물과의 교류는 살면서 한 번도 해본 적 없었기 때문에 동물들과 어떻게 친해져야 할지로도 골머리를 앓았다. 하지만 인간은 적응의 동물이라 했던가. 하루, 이틀, 일주일이 지나니 어느 정도 일에 요령이 생겼고(내가 하는 일은 정원에 물 주기, 말 여물주기, 말 산책시키기, 카일린과 놀아주기 등이었다.) 자연스럽게 아네트 가정에 스며들 수 있었다. 그리고 한적한 산골짜기에서 자연을 만끽하고 즐기는 여유도 생겼다.

카일린은 나무 작대기를 들고 칼싸움하는 것을 무지 좋아했는데, 카일린과 내가 열심히 칼싸움하는 것을 지켜보던 강아지들이 때로는 훼방을 놓기도 했다. 맨발로 이리저리 잘도 뛰어다니는 카일린의 모습을 보니, 어린 시절 나를 바라보는 어머니도 이렇게 흐뭇하셨을까 하는 생각이 들었다.

무엇보다 재밌었던 것은 말을 타는 것이었다. 가끔씩 모두 함께 말을 타고 산책을 가곤 했다. 집 밖을 나가면 푸른 초원과 계곡이 있었고, 말을 타고 뉴질랜드의 장엄한 자연을 가로지르며 달릴 때면 내가 마치 반지의 제왕에 나오는 주인공이라도 된듯했다. 처음 말을 탈 때는 낙마를 많이 해서 웃음을 자아내곤 했지만, 지치지 않는 근성으로 반복한 끝에 나중엔 아네트와 제프를 놀라게 할 정도로 말을 잘 타게 되었다.

3주째 아침, 울타리 안에 있는 블랙베리를 뽑다가 이상한 장면을 목격했다. 비노(말)가 누워 있던 것. 그저 나무 그늘 아래서 잠을 자고 있는 줄만 알았는데 몇 시간이 지나도 그 자리에서 꿈쩍 않는 비노를 보고 이 사실을 제프에게 알렸다. 제프와 함께 상태를 보기 위해 비노가 있는 울타리 안으로 들어갔다. 우리가 가까이 다가가자 멀리서 보이지 않았던 파리 떼가 비노 주위에 몰려있는 것이 아닌가. 어제까지만 해도 같이 산책을 하며 뛰어다니던 말이 영문도 모른 채 죽어 있었던 것이다.

아네트와 제프는 동물을 사서 키우는 것이 아니라, 동물 보호 단체에 가입해서 혹사당하는 말이나 개들을 데려와 돌봐주는 일을 하고 있었다. 비노를 비롯해서 키우고 있는 여섯 마리의 말 모두 그런 루트를 통해 이곳에 들여온 것이었다. 특히 비노는 2년 전 처음 이곳에 왔을 때 사람을 두려워해서 다가가는 것이 제일 어려웠다고 했다. 전 주인이 채찍질을 하며 강제적으로 비노를 제어하려고 했던 탓에 사람에 대한 불신이 생긴 것이었다. 처음엔 십 미터 이내로 접근이 어려웠던 비노를 육 개월 동안 애지중지 노력하여 이곳에 적응하게 만들고 길들일 수 있었다고 했는데 그런 비노가 오늘 알 수 없는 이유로 죽은 것이었다.

제프를 도와 비노를 옮길 트랙터가 지나갈 수 있는 길을 만들었다. 제프는 상심이 큰 아네트를 위해 나에게 그녀를 데리고 시내로 잠깐 장을 보러 가라고 부탁했다. 그리고 우리가 장을 보러 간 사이 자신이 비노를 땅에 묻겠다고 말했다. 비노 주위로 파리 떼가 몰리는 것을 보며 제프는 한숨을 계속 내쉬었다. 차를 타고 가는 내내 아네트 또한 말이 없었다. 선글라스를 끼고 있었지만 그녀의 눈가가 촉촉해져 있는 것이 보였고, 나는 이 사람들이 얼마나 동물을 사랑하고 아끼는지 느낄 수 있었다.

시내를 갔다 온 사이 비노는 사라졌다. 나는 상심이 큰 이 가정을 위해 저녁을 만들기로 마음먹었고, 장을 볼 때 닭볶음탕과 계란찜에 필요한 재료를 샀다. 태어나서 처음 만들어 보는 음식이었지만, 휴대폰으로 레시피를 보면서 그대로 따라 하니 얼추 익숙한 냄새가 나기 시작했다. 카일린이 입가에 음식을 잔뜩 묻히고 맛있게 먹는 모습을 보며 그렇게 닭 두 마리는 순식간에 사라졌다. 그제야 아네트와 제프의 얼굴에도 생기가 도는 듯했다. 오늘은 식사를 준비할 마음이 없었는데, 대신해주어서 고맙다고 제프는 나에게 말했다.

저녁 식사 이후 아네트와 제프가 테라스에 앉아 이야기하는 것을 보았다. 비노의 죽음으로 둘의 사이가 더 가까워진 듯 보였다. 비노는 아네트의 말이었고 제프는 아네트를 계속해서 위로해주었다. 무슨 대화를 나누었는지 모르겠지만 밤이 깊어져도 그들 방의 불빛은 꺼지지 않았다. 나 또한 우퍼 생활을 시작하고 처음으로 밤잠을 설쳤다.

인적이 드문 산골짜기 작은 집에서 동물들과 함께 소박하게 사는 아네

트의 가정에 나는 잠시 머문 손님에 불과했지만 그들은 조금씩 나를 가족의 한 일원으로 받아주었다. 비록 떠나는 순간에 비노의 죽음이 나의 가슴 한편을 무겁게 만들었지만, 그로 인해 가족이 더 끈끈해지는 것을 볼 수 있었다.

이곳을 떠나게 되면 아마도 강아지들과 카일린이 가장 그리울 것 같았다. 낯선 사람인 나에게 처음부터 순수하게 다가와준 이들이 바로 카일린과 5마리의 강아지들이었기 때문이다. 아마 나를 선택한 제프와 아네트도 내가 그들과 잘 어울리는 것을 보고 마음을 조금씩 열었던 것이 아니었을까. 마음이 무거워졌다. 한 가정에 스며드는 것 또한 이렇게 쉬운 일이 아닌데, 앞으로 나는 헤쳐 나가야 할 것들이 얼마나 많을까. 이것은 시작에 불과하리라.

나는 앞으로 얼마나 더 많이 깨질까. 깨지고 실패하고 다시 생각을 전환하면서 이 팽팽한 흐름을 과연 잘 유지할 수 있을지 의문이 들었다.

WWOOF NEW ZEALAND

Feedback

WEDNESDAY 2ND OF MARCH 2016

From Anette and Geoff

★★★★★

"Park is polite, respectful and works hard"

Park is very polite, respectful and kind, and he tries very hard! He put in a full effort in every weird job (poo picking, stacking wood, making jam) we ask him to do, and he also cooked us a lovely Korean meal. He even gave horse riding a go. He was also happy to play with our very energetic son. We would be happy to host Park again!

Add a response to this feedback

지붕이 있다는 건

우퍼 생활을 하면서 간간히 바리스타 공고가 올라오는 것을 모니터링 하고 지원을 했다. 그중 오클랜드 데본포트에 위치한 카페로부터 인터뷰를 보러 오라는 연락을 받았다. 우퍼 생활도 어느새 3주차로 접어들었고, 기약 없이 있는 것도 실례라 생각했기에 나는 아네트에게 며칠 후 떠나겠다는 말을 전했다. 그렇게 나는 정들었던 아네트와 제프의 집을 떠나 여행길에 오르게 되었다.

다시 혼자가 되었다. 하지만 적어도 목적지가 있었기에 처음보다는 많은 것을 생각할 필요가 없었다. 정거장에서 캔 맥주를 사서 마시며 오클랜드행 버스를 기다리는데 노숙자 한 명이 나에게 슬쩍 다가오더니 현금을 요구했다. 현금이 없어서 미안하다고 거절했지만 막무가내로 나에게 계속 돈을 요구했다. 계속 없다고 잡아떼자 마시고 있던 맥주를 가리켰다. '먹고 있는 맥주를 달라는 것인가' 맥주를 들어 보이니 노숙자는 고개를 끄덕였다. 한숨을 쉬며 맥주를 건넸다. 덤으로 먹고 있던 과자 또한 노련하게 자기 손으로 가져갔다. 노숙자 치고는 꽤 저돌적인 사람이었다. 나의 행색 또한 너저분한 상태인데 왜 자꾸 노숙자들이 나에게 붙는지 이해가 가지 않았다.

노숙자를 뒤로하고 오클랜드행 버스에 올라탔다. 해밀턴에서 신청해 놓았던 현금카드를 가져가기 위해 나는 해밀턴을 한 번 들려야 했다. 마침 내가 탄 버스가 해밀턴에서 정차했기에 카드를 가지고 오클랜드로 올라가기로 했다. 해밀턴에 도착한 시간은 현지 시각으로 새벽 4시 30분. 호스텔을 찾아가기엔 아직 이른 시간이었다. 버스 정류장에 내리니 깜깜한 거리에 가로등 불빛만이 밤을 밝히고 있었다. 여름이지만 쌀쌀한 새벽녘 공기에 나는 후드티를 꺼내 입고 벤치에 누워 날이 밝기를 기다렸다.

한국에 있을 때는 어디서 뒹굴든 나자빠지든 집이란 하나의 보호막이 있었기에 걱정 없이 살았다. 집에 가면 아늑한 침대가 있고, 따뜻한 밥이 있으며, 따뜻한 물이 나왔다. 아늑한 보호막에 둘러싸여 나는 여태껏 고마운 줄 모르고 생활해왔다. 밥 먹으라고 잔소리하는 엄마가 싫고 귀찮아서 일부러 들은 체도 안 하고 방구석에 박혀 있었다.

그랬던 내가 이제는 하루 끼니를 걱정하며 하루하루를 살아가고 있다. 물병엔 물이 얼마나 남았고 다음 여행지까지 이 물이 충분한지, 비상시에 먹을 먹거리는 있는지. 맥도날드에서 먹다 남은 햄버거를 가방에 싸고, 리필이 되는 음료를 양껏 마시는 것도 모자라 내 물통에 담는 저급한 짓도 행하고 있다. 가방을 길바닥에 아무렇게나 내팽개치고 베개 삼아 드러눕는 것은 일상이 되었다.

지붕이 없으니 밤하늘의 별을 자주 보게 되고 지붕이 없으니 하루의 온도를 온몸으로 느끼며 시시때때로 옷을 갈아입게 된다. 자연을 막아설 방패막이 없으니 나는 자연에 순응해야 했고 비와 바람, 추위와 배고픔에 맞서 한걸음 한걸음씩 힘겹게 나아간다. 그렇게 나는 아무도 나를 모르는 곳에서'혼자'의 개념을 조금씩 알아간다.

과연 나는 한국에 돌아가서 혼자가 아닐 때, 이 순간을 기억하며 내 옆 사람에게 고마운 감정을 느낄 수 있을까. 아니면 배부름과 아늑함에 젖어 힘들었던 기억들을 잊은 채 또 현실을 부정하며 살아가게 될까. 달과 해가 교대할 시간이 되어서 그런지 감성에 젖게 된다. 여명의 진실은 기다림이라 그랬던가. 일기의 마침표를 찍는 이 순간 아름다운 일출을 보며 나는 다시 힘을 내본다.

제2장

뜻대로 되란 법은 있다

다시 오클랜드

하늘을 찌를 듯한 고층빌딩과 바쁘게 거리를 걷는 수많은 인파들. 오클랜드 시내 분위기는 흡사 명동거리와 비슷했다. 어느덧 자연 속에서 느리게 흘러가는 삶에 적응한 나는 한 풀 기가 꺾인 채로 신기함 반 두려움 반으로 오클랜드 거리를 거닐었다. 한국어로 말하는 사람들이 내 옆을 스쳐 지나갈 때마다 이곳이 뉴질랜드가 맞나 의문이 들었다. 중국인 관광객 수에 비하면 그 수가 그리 많은 것 같진 않지만, 한국어 간판을 단 가게와 음식점들을 보니 왠지 모르게 빨리 이곳을 벗어나고픈 생각이 들었다.

인터뷰를 보기로 한 카페는 시티에서 페리를 타야만 갈 수 있는 데본포트에 있었다. 만일 데본포트 또한 이곳과 상황이 별반 다르지 않다면 나는 오클랜드를 떠나리라 생각하며 불안한 마음을 안고 생에 처음으로 페리를 탔다. 페리는 관광의 용도는 물론 사람들이 출퇴근하는 데에도 요긴하게 이용되고 있었다. 시원하게 바다 바람을 가르며 점점 멀어지는 오클랜드 시티를 뒤로한 채 페리는 앞으로 앞으로 나아갔다.

데본포트의 첫인상은 그리 나쁘지 않았다. 아니, 내가 이때까지 가 본

곳 중에 가장 느낌이 좋았다. 가장 먼저 나를 반긴 것은 무지개였다. 분수대에서 흩날리는 물방울에 반사된 햇빛이 무지개를 그려내며 뒤로는 아기자기한 시내가, 옆으론 해변을 끼고 길게 산책로가 나 있었다. 바다를 가운데에 끼고 어떻게 이렇게 시티와 다를 수 있을까 생각하며 나는 먼저 인터뷰를 보기로 한 카페에 가보기로 했다. 카페로 향하는 길, 아름다운 시내의 거리를 걸으며 정말 이곳에서 일할 수 있다면 그간 했던 모든 걱정들이 싹 다 없어질 것만 같은 느낌이 들었다. 그만큼 도시는 아름다웠고 내 마음에 쏙 들었다.

긴장된 마음으로 카페에 들어갔다. 내가 일을 하게 될지도 모르는 카페와의 첫 조우였다. 바에는 보스로 보이는 사람이 있었고, 인터뷰를 보러 왔다고 하니 잠깐 의자에 앉아서 기다리라고 했다. 20분간 보스와 이야기를 나누었다. 주로 경력에 관한 이야기였다. 사람이 급한 시점인데, 우리는 최대한 빠르게 적응할 수 있고 커피를 웬만큼 만들 수 있는 경력자를 원한다고 말했다. 나는 최대한 한국에서의 경험을 부풀려 기회만 준다면 정말 열심히 하겠다란 말을 되풀이하며 내 장점을 부각했다. 한국에서 바리스타 일자리를 구하기 위해 준비를 했던 터라 나에게 있어선 이번이 나를 시험해볼 수 있는 절호의 기회였고 놓치고 싶지 않았다. 보스는 얼마간 생각하더니 이틀 후에 트라이얼을 한 번 해보며 생각해보자라고 말했다.

숙소가 있는 시티로 돌아가는 길, 발걸음이 한 결 가벼웠다. 또다시 지역 이동을 한다면 그만큼 시간과 돈을 버려야 했기 때문에 오클랜드 시티가 싫었던 나로선 한적하고 비교적 조용한 데본포트를 발견한 것이 천만다행이었다. 식당은 관광객들과 현지 사람들로 붐비긴 했지만, 발 놓을 공간도 없었던 시티와 비교하면 그것은 아무것도 아니었다. 사람들은 웃고 있었고, 인터뷰를 무사히 마친 나도 한 결 마음에 여유가 생겨서인지 주위 것들이 한층 더 아름다워 보였다. 본능적으로 나는 이곳을 원하고 있었던 것인지도 몰랐다.

카페에서 산 커피를 들고 벤치에 앉아 잠시 쉬고 있었는데 옆으로 할머니 한 분이 앉으시더니 불쑥 말을 건네셨다.

"날씨 정말 좋지? 젊은이."

"아 네! 정말 좋은 것 같아요. 하하."

"자네는 일 년에 몇 번 없는 날씨 좋은 날 이 동네를 찾은 거야. 보통 오클랜드는 비가 많이 오고 흐리지. 나도 오랜만에 이런 하늘을 보는 것 같네. 아름다운 동네야 그렇지?"

벤치에 앉아 할머니와 이런저런 이야기를 나누었다. 한국에서 여기에 오기까지의 배경을 말씀드렸더니 데본포트에 아주 잘 왔다면서 나를 반겨주셨다. 자신의 아들이 한국에서 영어를 가르쳤다는 등, 한국에 대해서 꽤 많이 아시는 듯했다. 어르신이 아는 한국의 모습과 내가 생각하는 한국의 모습이 많이 달랐지만 굳이 나의 생각을 피력하진 않았다. 할머니는 나에게 꼭 카페에서 일하게 되길 빈다며 응원해주셨다. 그리고 다음에 기회가 되면 자신에게 맛있는 커피를 대접해달라는 말도 덧붙였다.

다시 페리를 타고 시티에 있는 숙소로 돌아가는 길, 뉴질랜드에 와서 지금껏 한 번도 생각해본 적 없는 정착에 대해서 진지하게 고민해보았다. 지난 한 달 동안 이 핑계 저 핑계로 도시와 시골을 넘나들며 유랑했던 나. 숙소에 짐을 놔두고 다니면서 행여나 잃어버리면 어떡하지 고민을 한 것이 한두 번이 아니었다. 어쩌면 이런 좋은 곳으로 나를 인도하게끔 만든 것은 하늘의 뜻이 아닐까라고 생각해 보았다. 그렇게 점점 멀어지는 데본포트를 바라보며 나는 속으로 다짐했다.

'그래. 무슨 일이 있어도 저곳에 정착을 할 것이다. 무슨 일이 있어도….'

우연과 우연이 모이면 인연이 된다

지역 신문, 마트 게시판에 올라온 렌트 전단지, 인터넷 중개 사이트까지 어디를 뒤져도 데본포트에서 집을 찾기란 하늘의 별따기였다. 그렇다고 데본포트엔 여행자를 위한 저렴한 백패커스도 없었고 고작 있어봐야 고가의 호텔과 모텔뿐이었다. 오클랜드 내에서도 부유층들이 많이 사는 동네였기 때문에 일주일치 플랫 비용은 다른 지역에 비해 월등히 높았다. 울며 겨자 먹기로 찾아간 집들은 모두 여성 플랫 메이트를 찾고 있었다.

숙소에서 노트북을 켜고 지푸라기라도 잡는 심정으로 열심히 방을 찾아보고 있는데, 같이 묵고 있던 중국인 친구 데이비드가 인터뷰 면접은 잘 보았냐고 물었다. 인터뷰는 잘 마쳤는데 데본포트에서 집을 구하려고 하니 올라온 집이 너무 없다고 넋두리를 했다. 그러자 중국인 커뮤니티에 올라온 집이 있을 수도 있으니 자신이 한번 찾아봐주겠다고 했다. 나는 당연히 'of course'를 외치며 만약에 집을 구하면 술을 사겠다는 약속했다. 데이비드는 중국어를 번역해주며 올라온 곳이 딱 한 곳 있다고 가격도 이 정도면 저렴한 것 같다며 연락처를 나에게 보여주었다. 신이 나에게 기회를 주신 것일까. 나는 그 자리에서 곧바로 문자를 보냈고 내일이라도 당장 집을 보러 올 수 있다는 연락을 받았다.

다음 날 곧장 데본포트에 있는 집을 찾으러 나섰다. 데본포트 시내에서 도보로 20분쯤 떨어진 곳에 집이 있었다. 문을 두드리고 초조하게 밖에서 사람을 기다렸다. 'I'm coming!' 집 안에서 목소리가 들렸고, 그렇게 집주인 이안과 처음으로 인사를 나누게 되었다. 사람이 온다고 청소를 하고 있었는지 손엔 빗자루가 쥐어져 있었다. 이안은 반갑게 나를 맞으며 날도 더운데 시원한 음료라도 한잔하라며 안으로 나를 들였다.

집의 분위기는 우프를 했던 제프의 집과는 사뭇 달랐다. 도심에 위치한 이안의 집은 보다 평범한 가정집의 분위기였다. 수집하는 것을 좋아하는지, 벽 이곳저곳엔 그림이 걸려있었고, 동남아에서 사 온 것으로 보이는 기념품들이 즐비하게 자리를 차지하고 있었다. 이안은 음료를 내주며 나에 대해서 이것저것 물었다. 뉴질랜드엔 언제 왔느냐, 아는 사람은 있느냐, 직업이 뭐냐. 인자한 미소와 함께 대화를 이끌어 가며 나를 배려해주는 이안이 고마웠다. 집에는 방이 총 4개가 있었는데, 광고를 낸 사람은 집에서 3년 동안 살며 인근 고등학교를 다니던 중국인 학생이었다. 고등학교 과정이 끝나고 시티에 있는 대학교를 가기 위해 이사를 해야 했는데 때마침 내가 그 광고를 보고 이곳을 찾게 된 것이었다.

솔직히 말해서 내가 머물게 될 방에 대한 큰 기대는 하지 않았다. 나는 단지 몸을 뉠 수 있는 침대와 뜨거운 물에 샤워를 할 수만 있다면 좋다고

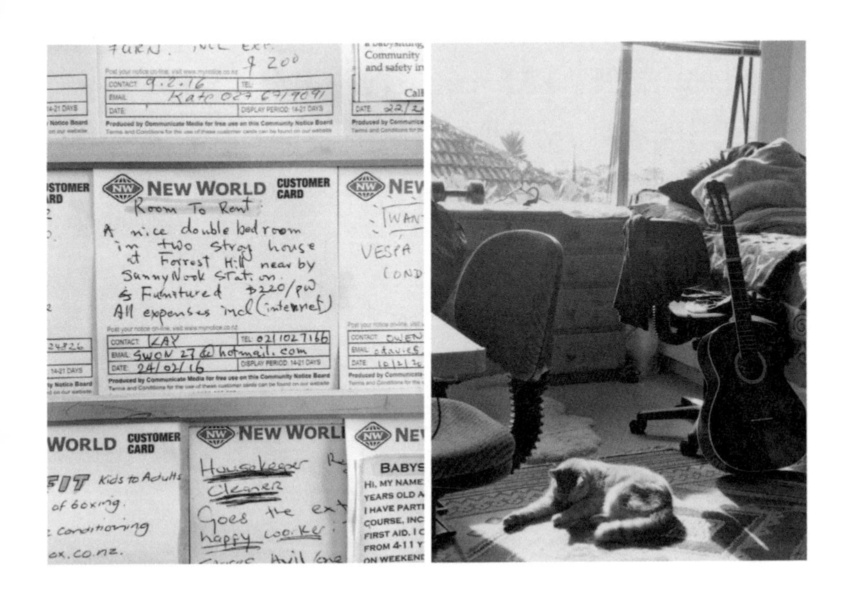

생각했는데, 사용하게 될 방은 침대가 2개 들어가고도 남을 만큼 컸고 햇빛이 아주 잘 들어왔다. 지금이라도 당장 시티에 있는 짐을 가지고 와 이곳에 머물고 싶을 정도로 집이 마음에 들었다. 이안도 그런 나의 모습이 마음에 들었는지 네가 좋다면 내일이라도 집에 올 수 있다고 웃으며 말했다. 특히 내 눈길을 사로잡은 것은 클래식 기타였는데, 먼지가 쌓인 것으로 보아 이안이 장식용으로 놔둔 것 같았다. 한국에서 기타를 못 가져온 것이 못내 아쉬웠는데, '만약 내가 이곳에 오면 저 녀석을 칠 수 있겠구나.' 하는 행복한 상상을 했다.

방세는 일주일에 170달러, 한국 돈으로 환산하면 14만원 정도였다. 나에겐 큰돈이었지만, 아름다운 동네에서 일을 하며 살 수 있다는 것을 생각하면 그 돈은 제 값을 톡톡히 하는 것이라 생각했다. 이상하게도 모든 것이 순조롭게 흘러가는 게 마음이 썩 편하지 않았지만 그것 또한 내가 많이 움직였기에 가능했던 것이라 생각하며 나는 다시 시티로 향하는 페리에 올라탔다.

희망은 믿는 자의 편이야

오클랜드, 정확하게 오클랜드에 있는 데본포트에 온 지 어느덧 10일이 되었다. 그렇게 원하던 지붕을 얻게 되었으나, 하나의 고민을 해결하면 또다시 새로운 걱정거리가 생기는 것이 인간의 숙명인 걸까. 뉴질랜드 생활은 그야말로 산 넘어 산이었다.

일주일 동안 나는 트라이얼에 임하며 부족한 점들을 스스로 확인할 수 있었다. 한국에서 4개월 동안 카페 아르바이트를 했고 이정도면 충분하겠지란 나의 안일한 생각은 트라이얼 첫날 산산조각 나버렸다. 뉴질랜드에서 바리스타로 일하는 것은 한국과 많이 달랐다. 손님들 입맛대로 주문하는 경우가 많아서 손님이 원하는 것을 알아들으려면 영어 실력이 어느 정도 뒷받침되어야 하는 것이 기본이었다. 바리스타 또한 하나의 직업으로서 경력이 중요했고 단순히 커피를 만드는 것이 아니라 맛있게 만들어야 했다. 커피 빈의 양, 탬핑 압력, 추출 시간, 밀크 폼, 밀크 온도, 아트까지 모든 것을 짧은 시간 내에 완벽하게 만드는 것이 현지 바리스타의 기본 역량이었다.

물밀듯이 밀려오는 주문에 나는 허둥대며 당황스러움을 금치 못했다.

내가 이해한 주문 내용과 손님이 원하는 주문이 맞지 않아서 음료가 잘못 나가는 경우도 있었고, 잔에 커피를 여러 개 나르다 보니 들고 가다가 음료를 쏟아버리기도 했다. 나는 상황을 타개하고자 발버둥쳤다. 일을 마치고 집에 오자마자 노트북을 켜고 유튜브에서 플랫 화이트(뉴질랜드, 호주식 커피) 만드는 법을 수십 번 보기도 하고, 아침마다 뉴월드(현지 마트)에서 우유 두통을 사들고 출근해서 시간이 날 때마다 커피 만드는 연습을 하며 부족한 점을 채우고자 노력했다. 그렇게 하다 보니 어느 정도 커피 제조는 합격선에 맞췄지만 문제는 영어였고 또 수많은 사이드 메뉴를 외우는 것이었다.

"열심히는 하지만, 객관적인 실력 면에서 우리 카페에 고용하기는 무리네요. 가능성은 보이지만 그렇다고 믿고 계속 고용해야 할지 의문이 들어서요."

지금 나의 현재 위치를 정확히 짚어주는 보스의 답변이었다. 능숙함에 이르기 위한 시행착오를 모두 겪기에 일주일은 너무 짧았다. 급하게 바리스타를 구하는 것이어서 그만큼 내가 빨리 따라가야 했고, 결과적으로 나는 보스를 만족시키지 못했다. 만약 여유가 있는 카페였다면 말이 달라졌을 수도 있겠지만, 이곳은 바쁜 와중에도 침착함을 잃지 않고 최고의 커피를 만들 수 있는 숙련된 바리스타가 필요했다. 내가 오너 입장에서 봐도 나는 정말 애매한 위치에 있었다. 현실은 냉정한 것이고 아무리 내가 열심히 해도 안 되는 경우가 있다는 것을 비로소 깨달았다.

나름대로 최선을 다했고, 열의도 보였기 때문에 후회는 없었다. 스스로도 이 만큼이면 충분히 최선을 다했다고 말할 수 있을 만큼 모든 걸 쏟아부었다. 한 달 동안 유랑하며 체력은 체력대로 소진된 상태였고 영양 또한 충분히 섭취하지 못해서 심신이 피폐해져 있는 상태였지만, 정신력과 오기로 나는 트라이얼에 임했다. 보스도 그런 나의 열의가 아쉬웠는지 나에게 좀 더 많은 기회를 부여해주었다. 결국 실패의 고배를 마셔야 했지만 이번 경험을 바탕으로 다른 곳에 가면 더 잘할 수 있을 것이라고 나를 위로했다.

영화 반지의 제왕 두 개의 탑에서 로한 제국은 피할 수 없는 전쟁을 치르게 된다. 그리고 전쟁이 시작되기 전 아라곤이 두려움에 떨고 있는 소년 병사를 격려하며 이 말을 한다.

'희망은 믿는 자의 편이야.'

한 때 나는 이 말을 믿지 않았다. 아니 믿을 수 없었다. 어떤 것에 기대를 걸고 희망을 가지기 전 나 자신부터 믿지 않았기 때문이다. 할 수 없을 것이라고, 더 이상 할 수 없다고 스스로 포기했고 그것은 곧 절망으로 가는 지름길이었다. 실패를 통해 성장한다고 했던가. 나는 뉴질랜드에서 첫 번째 실패를 경험했다. 실패 후 정말로 하늘이 무너지는 느낌이 들었다. 자꾸만 자신을 추궁하며 자책하게 되고 그것은 나에 대한 실망으로 번지게 되었다. 모든 것이 부정적으로 보이고, 아무도 나를 이해하지 못할 것이라며 깊은 심연에 빠져 허우적거리는 나약한 내 모습이 나온 것이었다.

희망은 분명히 있다. 하지만 먼저 자기 자신을 믿어야 한다. 끊임없이 불안감과 막연함이 나를 괴롭힐 테지만, 그에 맞서 한 발씩 앞으로 나아가면 원하는 것을 이룰 수 있다. 되든 안 되든 해보는 것이다. 그것이 극복의 과정이고, 그 과정에서 우리는 또 한 번 자신을 믿고 다시 시험하며 일어설 수 있는 것이다.

찾고자 하면 길이 있다. 간절하면 얻을 수 있다. 달리자.

HOPE

Small Black
Porridge
Beans & Bacon
Salmon
Pie
Fries
F/W
F/W
Bowl F/W
Add Decaf
Panini Fougasse
Fruit Salad
Halloumi cheese
Big Bfst
Toasted Sandwich 2 Filling
Tomato
Avocado
Cap
Cap
Bowl Cap
Add Extra Shot
Croissant
Muesli
French Toast
Vegan Bfst
Chicken Schnitzel
Chicken & Avo Salad
Add $1 Filling Bacon / Egg
Extra Spinach
Latte
Latte Bowl
Add Syrup
Bap
Toast / Bagel & Jam
Vege Fritters
LAT
Avo Salad
Salmon & Avo Salad
Extra Chicken Salmon
Mocha
Mocha Bowl
Tea
Cake
Gourmet $9 Quiche
Salmon & Avo
Eggs Bene & Veg
BLAT / CLAT
Brown Rice Salad
Beef Salad
Egg
Medium Large Hot Choc
Hot Choc
Bowl Hot Choc
Slice Friands
Individual $7.50 Quiche
Eggs on Toast
Eggs Bene Bacon & / Ham
Salmon Bagel
Caesar Salad
Caesar Salad & chicken
Extra Sausage Bacon Eggs
Frappe
Mocha Frappe
Water
Caramel Slice
Pie
Bacon & Eggs
Eggs Bene & Salmon
Soup Small
Soup Large
Burger
$10 Bfst
Toast
Ice cream Smoothie
Smoothie
Muffin Scone
Cookie
Wrap
Creamy Mushroom
Omelet
Chowder Small
Chowder Large
Open Sandwich
Waffle
Ti Tonic Iced tea
Gluten Free Cookie
Salad Small
Salad Large
Pancake
French T/ + Bacon & Bacon
Gluten Free
$10 Lunch Special
$13 Breakfast Special
OPEN

안주한다는 것

뉴질랜드 내에서도 휴양지와 관광지로 인기가 많은 데본포트는 주말이면 차들이 긴 행렬을 이으며 일차선 도로를 꽉 채우고 있는 것을 볼 수 있다. 시내엔 그다지 볼 것도 없고 숙박 시설도 몇 없는 이곳이지만 어김없이 사람들은 데본포트를 찾는다.

집에서 10분 정도만 걸어가면 여기저기 드넓은 해변을 볼 수 있고, 멀리 보이는 화산섬들과 수상 레저를 즐기는 사람들을 볼 수 있다. 날씨가 좋지 않음에도 불구하고 집채만 한 파도가 일렁이며 해변을 집어삼키는 때에도 사람들은 애완견과 산책하고 바람을 맞으며 낚시를 한다. 어떻게 보면 우리나라의 부산과 흡사한 느낌이지만, 시기를 타지 않고 사람들이 자유롭게 여가를 즐기는 모습이 이색적으로 다가왔다.

나에게 주어진 이런 선물을 어떻게 외면하겠는가. 나만의 달리기 코스를 만들어서 저녁마다 데본포트 구석구석을 뛰어다녔다. 아름다운 경치를 눈에 담으며 뛸 수 있다는 것이 감사했고 어느새 데본포트가 익숙해진 느낌이 들었다. 하지만 그런 익숙함은 구직활동으로 전전긍긍하고 있는 나의 고난과 함께했다. 데본포트엔 집이 있고 나만의 방이 있다. 그리고 구직 활동을 하고 있는 나를 도와주려는 친구 루이스와 이안이 있기도 하다. 그 익숙함에 내가 젖어 버린 것일까. 아니면 항상 혼자였던 지난날에 대한 두려움과 미래에 대한 불안 때문인 것일까. 집이란 그늘 아래 그것에 안착하려고 하는 나 자신을 발견할 수 있었다. 보금자리가 생기니 그 주변을 맴돌게 되고 모든 기준을 내가 아닌 내가 살고 있는 이안의 집에 두게 되었다. 그러면서 또한 이안의 보호막 안에 갇히는 듯한 느낌을 받게 되었다.

안주하려고 하는 스스로를 본능적으로 인식하고 있었던 것인지 처음으로 이안과 의견 충돌을 일으켰다. 토요일 저녁 운동을 하다가 두 번째 트라이얼을 봤던 카페의 보스를 우연히 만날 수 있었는데, '일은 잘 구하고 있나, 추천서를 내가 써 줄 테니 도움이 필요하면 언제든 찾아와'라고 그가 말 한 이야기를 이안에게 전해주었다. 이안은 추천서를 꼭 받아야 된다면서 지금 당장이라도 괜찮으니 가서 받아오자고 나에게 말했다. 하지만 나는 그렇게 하지 않겠다고 했다. 그러자 '네가 하지 않는다면 내가 가서 받아오겠다.'라고 이안이 말했다. 덧붙여 네가 쓴 이력서는 추천서보다 효력이 없다. 사람들은 자기 자신에 대해서 쓴 글보다, 다른 사람이 너를 평가해 준 글을 보길 원한다고 말했다.

그 말을 들으니 뭔가 기분이 안 좋았다. 물론 추천서를 받으면 좋은 일이긴 했지만, 이안이 두 발 벗고 나를 도와주려고 하는 것도 마음에 끌리지 않았고, 무조건 자신의 생각대로 하자고 하는 것이 나는 싫었다. 물론 이런 이안의 행동엔 나쁜 뜻은 없었다. 이안의 말이 백 번 틀린 것이 아니었다. 데본포트에서도 유명한 두 번째 트라이얼을 본 그 카페에서 받은 추천서는 가진 건 몸뚱어리 하나밖에 없는 내가 일을 구하는 데 큰 도움이 될 터였다. 하지만 나는 나의 방식대로 하고 싶었다. 한국에서 공들여 만든 영문 이력서와 커버 레터를 당당하게 들이밀며 일자리를 구해 나의 수고가 헛된 것이 아니었음을 스스로 증명하고 싶었다. 그때 당시 너무 흥분해서 그런 나의 마음을 영어로 충분히 전달할 수 없을 것이란 것을 깨달았기 때문에, 생각을 잠시 정리하고 차분히 내 생각을 그에게 전했다.

'나를 많이 도와주려고 하는 걸 알고 걱정을 하고 있는 것을 알고 있다. 정말로 감사하게 생각한다. 당신의 생각을 존중하지만 누군가 나를 억지로 이끌어 내는 것은 싫다. 물론 나는 완벽하지 않기 때문에 올바르지 않은 선택을 할 수 있고, 둘러가는 방향을 선택할 수도 있다. 그것이 어떻든 간에 그에 따른 책임은 내가 지는 것이다. 나의 생각을 존중해주있으면 한다.'

나는 지금 두 번의 트라이얼에 실패했다. 그만큼 이안은 나를 많이 걱정하고 있고, 물심양면으로 나를 도와주려고 한다. 어떤 때는 자신이 직접 카페에 찾아가 혹시 바리스타 구하지 않냐고 물어보기도 하고 자주 찾아가는 카페에 나를 태워 차를 타고 가서 이력서 돌리는 것을 도와주기도 했다.

이안이 적극적으로 나를 도와주려고 한 것은 나 스스로가 갈팡질팡하고 있음을 뜻했다. 그렇기에 나는 달라져야 했다. 뉴질랜드에 와서 모든 것을 스스로 계획하고 실행에 옮기지 않았던가. 난관에 봉착할 때마다 미흡하지만 a부터 z까지 스스로 생각하며 문제를 개선해 나가지 않았던가.

스스로 중심점을 잡지 못해 휘둘리는 경험을 많이 해온 나로선 우유부단함 속에서 내려진 결정이 결과가 좋든 좋지 않든 간에 후회로 이어지는 경우가 많다는 것을 알았다. 이번 경우도 마찬가지였다. 거듭된 실패로 자신감이 떨어지면서 누군가에게 기대고 바라게 되는 그런 나약한 근성에 젖어들게 되면서 스스로 흔들린 것이 사실이었다. 하지만 뉴질랜드에 와서 힘든 순간에 포기하지 않을 수 있었던 것은 나에게 확고한 의지가 있어서였다. 나에게 떳떳해질 수 있는 방법은 스스로 강해지는 것. 나를 믿고 나아가는 방법밖에 없었다.

어두운 동굴 속에 들어가면 우리는 아무것도 볼 수 없다. 눈은 있지만 앞에 보이는 것이라곤 칠흑 같은 어둠뿐이다. 이때 우리는 오감을 사용한다. 동굴 벽을 짚으며 천천히 앞으로 나아간다. 나아가던 도중 돌부리에 걸려 넘어질 수도 있고 발을 헛디뎌 앞으로 구를 수도 있다. 하지만 앞으로 나아가야 한다. 왜냐하면 그 자리에 계속 있다면 무엇이 기다리고 있겠는가. 그냥 그 자리에 주저앉아버린다면 우리는 그저 동굴 속에 갇힌 한 인간이 될 수밖에 없다. 하지만 빛을 찾으려 앞으로 나아간다면 우리는 어쩌면 희망을 마주할 수 있는 것이다.

이제 우린 한 배를 탄 거야

구직활동의 반경을 좀 더 넓히기 위해 나는 중고 자전거를 구매했다. 가방에 이력서 뭉치를 쑤셔 넣고 힘껏 자전거 페달을 밟았다. 내가 방문한 곳은 타카푸나. 이안 집에서 자전거를 타고 20분 거리에 위치한 타카푸나는 오클랜드에서 또 다른 관광지로 유명한 곳이다. 관공서와 백화점, 식당들이 많았기에 기회는 분명 데본포트보다 열려 있을 터. 구슬땀을 흘리며 이 카페, 저 카페에 들어가 이력서를 건네주었다.

처음 이력서를 쥐고 카페에 들어갔을 때는 자신감이 많이 없었지만 2번의 고배를 마셔서인지, 아무렇지 않게 웃으며 이력서를 건네고 나올 수 있게 되었다. 이미 이력서를 돌린 카페를 두 번이나 가서 점원이 "너 아까 이력서 주고 갔었는데? 하하 행운을 빌어!" 라며 응원해주기도 했다. 그렇게 이곳저곳을 들쑤시다 보니 수 십장이었던 이력서가 어느새 2개로 줄어들었다. 가져온 이력서가 동이 날 무렵, 한 가게 직원이 나를 붙잡더니, 자신이 이제 일을 곧 그만둔다며 혹시 생각 있으면 연락처를 남기고 가라고 말했다. 타카푸나에서 처음으로 나에게 기회가 찾아온 것이었다.

연락처를 남기고 간지 이틀. 하루 온종일 핸드폰을 붙잡고 연락을 기다렸지만 연락은 오지 않았다. 들고 온 돈은 떨어져 갔고 자칫하면 한국으로 돌아가야 할 상황이었다. 청소, 단기 알바라도 구하면 되지만 무슨 연유에서인지 나는 바리스타로 카페에서 꼭 일하겠다는 생각만 가지고 있었다.

결국 나는 참지 못하고 연락을 주겠다던 카페에 찾아갔다. 카페에 가니 매니저가 있었다. 나는 아직 사람을 구하는지 저번에 왔었는데 연락이 안 와 직접 왔다고 자초지종 설명했다. 매니저는 내 이력서를 보더니 그 자리에서 바로 커피를 만들어 보라고 했고, 나는 최대한 집중해서 커피를 만들었다. 여기저기 트라이얼을 보며 카페마다 다른 커피 머신을 만지다 보니 이번엔 세차게 뿜어져 나오는 스팀의 압력에 놀라지 않고 꽤나 괜찮은 커피를 만들어 낼 수 있었다. 다행히 매니저의 반응은 긍정적이었고, 그렇게 나는 세 번째 트라이얼을 따낼 수 있게 되었다.

항상 트라이얼을 가질 때마다 운이 좋다고 생각했지만, 그 운과 기회를 나는 허공에 날려버렸다. 아니 그 순간엔 기회를 날렸다고 생각했다. 결과적으로 자양분이 되었지만, 실패로 변질되어버린 나의 도전들은 자양분으로 치부하기에 나에게 너무나도 간절한 것이었다. 간절히 원했고 너무나도 하고 싶었기 때문에 단지 워밍업, 실패로 덮어두고 싶지 않았다.

결과적으로 나는 세 번째 트라이얼을 잘 마무리하고 구직활동의 마침

표를 찍었다. 뉴질랜드에 와서 처음으로 풀타임으로 일하고 녹초가 되어 집으로 돌아가던 길, 기분이 이상했다. 원하는 바를 이루었으나 그리 기분이 좋지 않았다. 아니 막상 해내고 나니 떨떠름한 기분이라고 할까. 내가 이것을 받아들여야 하나 말아야 하나 갈피가 잡히지 않았다. 아마 내가 아직 많이 부족하다는 것을 알았기 때문이리라.

지난날 뉴질랜드 비자 신청을 위해 인력소에서 일해 받은 돈을 손에 거머쥐고 집으로 돌아오던 때가 생각났다. 해가 저물어 가던 그때 나는 맥주를 사고 담배를 피우며 거리에 털썩 앉아 한숨을 내쉬었다. 빨갛게 노을 진 하늘을 보며 나는 무슨 생각을 했던가. 그리고 뉴질랜드에 온 난 그때와 마찬가지로 달콤 씁쓸한 감정을 느끼며 잔디밭에 털썩 앉아 맥주를 마셨다. 청명한 이 나라의 하늘을 바라보며 나는 무슨 생각을 했던가.

아마 일 끝나고 매니저 래티치아가 한 말을 되뇌고 있었으리라.

'Now you are on a boat.'

'Now you are on a boat….'

모든 선행에 그저 감사했다

처음 이곳으로 올 때 나는 동기가 명확하지 않았다. 비자를 신청할 당시 목표도 불분명했고, 소위 말하는 영어 실력 향상, 여행, 돈 벌기 등은 안중에도 없었다. 단지 2년 동안 군대에서 억압받은 자유를 보상받고 싶었고 당장 대학교에 복학하여 책만 들여다보는 삶을 살긴 싫었다. 나의 워킹홀리데이는 그렇게 시작부터 불확실성과 회피성을 띠고 있었다.

낯선 땅에 홀로 떨어져 어떻게든 스스로 살아남을 방법을 강구해야만 했다. 그러면서 이곳에서 무엇을 해야 할지 윤곽을 좁혀갈 수 있었다. 좋게 말하면 즉흥적이고 유연해 보이지만, 어떻게 보면 계획성 없는 무모한 짓이기도 했다. 하지만 새로운 환경에 적응하고 그곳에 맞는 방식을 체득하며 어딜 가든 굶어 죽진 않겠구나라는 자신감과 용기도 생겼다. 이 경험들이 나중에 나에게 어떻게 도움이 될지는 모르겠지만 한걸음 한걸음씩 나아가고 있다.

물론 내가 이러한 것들을 알아가기까지 이안의 영향이 컸다. 집주인과 하숙인에서 벗어나 많은 것을 공유하고 더 나아가 우정으로까지 발전한 이안과 나의 관계. 그는 내가 뉴질랜드에서 좋은 방향으로 나아가게끔 인도해주는 나침반 같은 존재였다.

이안은 타카푸나의 한 어학원에서 영어를 가르치는 선생님이다. 영어를 배우기 위해 뉴질랜드를 오는 사람들 대부분은 비영어권 학생들인데, 다양한 나라의 학생들을 많이 접하다 보니 더욱더 외국인들에게 마음을 열고 다가갈 수 있는 것이 아닐까 생각했다. 일부 공부를 마친 학생들이 고국으로 돌아가 이안을 자신의 나라에 초대하기도 했는데 그런 인적 교류를 통해 이안은 세계 각국을 여행할 수 있었다고 했다. 한국 학생들이 이안을 초대해서 한국에 다녀온 적도 있다고 했을 땐 꽤 놀랐다.

이안은 물심양면으로 나를 도와주었다. 아무런 연고 없이 온 내가 불쌍했는지, 방세 또한 돈이 있을 때 내라고 하며 부담 가지지 않아도 된다고 나를 안심시켰다. 먼 거리에 있는 한인 마트에 자전거를 타고 가려고 할 때면 나도 그쪽에 사러 갈 것이 있다며 일부러 차에 나를 태우고 한인 마트까지 같이 가주었다. 일일이 나열할 수 없을 정도로 나를 살뜰히 챙겨준 이안은 나에게 좋은 친구이자 선생님이었다. 그에 대한 답례로 이안이 좋아하는 감성적인 노래를 어쭙잖은 실력으로 기타를 치며 불러주곤 했는데, 형편없는 실력에 심지어 한국어로 된 노래였지만 이안은 정말 좋다며 다음 곡도 기대한다고 말하곤 했다.(그는 특히 가수 이적 노래를 좋아했다)

한 번은 이런 이안의 대가 없는 선행의 이유를 내가 궁금해 하자 그는

내게 말했다.

“나도 젊었을 때 누군가로부터 도움을 많이 받았어. 비록 나를 도와주었던 사람들에게 지금은 고마움을 전할 수 없지만, 그들이 나에게 했던 방식대로 나도 너를 좋은 방향으로 갈 수 있도록 도와주고 싶어.”

그리고 그는 그것을 ‘providence(섭리)’라고 했다.

이안은 항상 나를 좋은 사람이라고 말했다. 그런 말을 들을 때면 나는 정색을 하고 나는 좋은 사람이 아니라며 손사래를 쳤다. 나는 그저 나의 방식대로 살고 있는데 그것이 그의 눈에 좋게 비치는 것 같았다.

가끔은 그의 행동들이 쉽게 받아들여지지 않을 때도 있었다. 가령 이안은 항상 뭔가에 쫓기듯 급하게 운전했다. 급하게 갈 상황이 아닐 때에도 행여나 앞에 차라도 있으면 곧바로 우회로를 타고 다른 길로 들어가곤 했다. 그리고 일이 쉽게 되지 않을 땐 자신은 이제 희망이 없다며 곧바로 손을 놓아 버리곤 했는데 그럴 땐 그가 칭얼거리는 어린아이처럼 보이기도 했다.

하지만 전반적인 그의 인생관은 배울 점이 참 많았다. 그는 사소한 것에서 기쁨을 찾았고 또 그것을 다른 사람과 함께 나누었다. 그는 남들에게 칭찬을 아끼지 않았는데 그런 오가는 칭찬 속에서 사람들이 행복해하는 것을 보니 진정 사람을 기쁘게 하는 것이 그렇게 어려운 일이 아니란 것을 깨달았다. 이안에게 감사의 말을 전하고 싶었지만 항상 머리로만 생각하고 입이 떨어지질 않았다. 그저 감사했다. 아무것도 가진 것이 없는 나를 받아들여 새로운 세상을 경험하게 해 준 것에 대해. 그리고 그의 따뜻한 마음에서 우러나온 모든 선행에 대해.

노인의 눈에 담긴 바다

카페 일이 익숙해질 무렵 정착 생활도 어느 정도 안정기에 접어들었다. 이안은 내가 구직활동에 성공하자 동네방네 소문을 내며 나를 축하해주는 것도 모자라 가게에 찾아와 커피를 마시며 동료들에게 나의 장점을 어필해주었다. 플랫 메이트 루이스 또한 술을 못 마시는 나에게 일자리를 찾았으니 이 정도는 마셔줘야 한다며 잭 다니엘을 선물로 주었다. 비록 작은 로컬 카페에서 일하는 것이었지만, 진심으로 나를 응원해주던 이안과 루이스가 없었다면 나는 아마 실패에서 나를 일으켜낼 힘을 찾지 못했을 것이다.

그렇게 유유자적 여유로운 나날을 보내던 중, 페리를 타고 40분이면 갈 수 있는 와이헤케 섬을 다녀왔다. 섬 구경을 마치고 다시 집으로 돌아가던 길, 휴대폰으로 찍어 놓은 섬 구석구석의 사진을 보다가 앞 좌석 노인이 창밖의 바다를 보고 앉아 있는 것이 보였다. 주름진 얼굴 사이로 그의 입가엔 희미하게 미소가 번지고 있었고 눈은 바다에 반사되고 있는 햇빛과 같이 영롱하게 빛나고 있었다. 나의 시선은 자연스럽게 노인의 눈길이 닿는 곳으로 옮겨져 갔지만 나는 그 어떠한 영감도 받지 못했다. 같은 바다를 보고 있었지만 나는 노인과 나 사이에서 다름을 느꼈고 나의 무지함을 느꼈다. 감성에 대한 무지. 아름다움에 대한 무지. 노인은 바다를 느끼고 있는 것처럼 보였고 나는 단지 바라볼 뿐이었다.

수능시험을 끝낸 19살 어느 겨울밤, 나는 조심스럽게 가방을 챙겨 부모님 몰래 기차를 타고 치악산 국립공원으로 향했다. 무슨 생각으로 새벽기차에 올라탔는지 모르겠지만 어디론가 떠나고 싶은 소박한 소망이 있었다. 집과 거리가 멀어질수록 나는 일종의 해방감을 느꼈다. 강원도 원주에 도착해 흩날리는 눈발을 헤치며 어기적어기적 산을 오르던 그 당시 나에겐 어떤 두려움도 없었다.

아무도 밟지 않은 새하얀 눈밭을 걸으며 길을 만들어가는 그 기쁨, 상고대에 반사된 햇빛이 만들어내는 아름다움을 보는 것은 어린 나의 시선에 비친 또 다른 세상, 여행의 즐거움이었다. 산행을 다녀온 후, 나는 짧지만 무모했던 역사적인 그 모험에 대해 글을 쓰며 여행에 관하여 엉뚱하지만 진지하게 정의 내렸다.

'여행은 단순히 관광 명소를 찾아다니는 것이 아니다. 나에게 있어서 여행은 몸이 힘들고 지쳐있는 상태에서 넘어가는 해가 발하는 아름다움을 보며 불현듯 감상에 젖을 때 비로소 완성되는 것이다.'

당시 내가 내린 이러한 정의는 처음으로 여행에 감성이란 것이 깃들 수 있음을 깨닫게 해 준 소중한 기록이었다.

노인을 바라보면서 이 날의 기억을 되새긴 것은 그때와 내가 많이 달라졌음을 느껴서였다. 애초에 와이헤케 섬을 찾은 것은 관광의 목적이었지만, 예전 치악산을 찾았던 순수한 동기가 어느 순간부터 탁해졌음을 느꼈다. 여행이 꼭 감성적이어야 한다는 법은 없다. 먹고 마시며 좋은 것을 구경하고 자신이 만족하면 그것은 하나의 값어치 있는 여행이 될 수 있다. 하지만 실컷 그림 같은 해변을 보고 와이헤케 섬에서 유명하다는 와인을 마셔도 나의 가슴 한 곳은 왠지 모르게 허전했다. 단지 이 섬에 갔다 왔다는, 자유의 여신상에서 에펠 탑에서 그 나라의 랜드마크를 내가 다녀왔다는 셀카 사진으로 가득한 앨범은 비어있는 나의 마음 한 구석을 채워주지 못했다. 바다를 보며 여유롭게 웃고 있는 노인은 그런 나에게 무언의 메시지를 전하고 있었다. 노인의 눈에 비친 파도가 일렁이는 바다. 그것은 상고대에 비친 따스한 햇살처럼 잔잔하지만 무게감 있는 울림이었다.

커피 빈을 갈아내는 소리가 좋다

그라인더가 커피 빈을 갈아내는 소리가 좋다.

사람들이 떠드는 소리

카페 안에 흘러나오는 음악과 함께

그라인더 소리는

카페에 생동감을 더해주는

바리스타의 소리이기도 했다.

바쁜 나날의 연속이긴 했지만, 뉴질랜드에서 바리스타로 일하는 것은 흥미로운 일이었다. 바리스타가 단순히 커피 만드는 일만 한다고 생각하면 큰 실수이다. 손님이 끊임없이 몰려오는 바쁜 가게가 아닌 이상 뉴질랜드에서 바리스타는 보통 커피뿐만 아니라 주문을 받고 서빙까지 도맡아 한다. 이를 완벽하게 해내기 위해선 자신이 일하는 카페의 메뉴, 음식을 모두 꿰뚫고 있어야 한다.(뉴질랜드 카페는 보통 브런치와 사이드 메뉴를 판다) 내가 시에라 카페에서 모든 것을 완벽하게 익히기까지 걸린 시간은 트라이얼 기간을 포함해 두 달. 두 달 동안 내가 그저 커피 메이커였다면 그 이후로는 자신 있게 바리스타가 되었다고 자부할 수 있었다.

처음에 나를 가장 당황하게 한 것은 커피 주문이었다. 설탕이나 시럽 추가 혹은 샷 추가하는 게 대부분인 우리나라와는 달리, "나는 알레르기가 있어서 시나몬을 못 먹으니 초콜릿 파우더로 토핑해 줘"와 같이 손님의 취향에 따라 주문이 제각각 달랐다. 우유도 가게마다 다르지만 기본으로 3가지 종류가 있었기 때문에 주문이 동시에 여러 개 들어오면 그만큼 정신을 바짝 차리고 손을 바쁘게 움직여야 했다.

가장 나를 당혹스럽게 만들었던 주문은 'almond dry Cappuccino 3 sugar chocolate on top.'이었다. 이 주문을 해석하면 'almond'는 아몬드 우유를 뜻하고 'dry'는 우유 없이 거품만을 넣는 것을 의미한다. 그리고 세 스푼의 설탕과 초콜릿 파우더를 토핑으로 얹는 것이다. 요리를 만드는 것도 아니고 카푸치노 하나 만드는 데 이렇게 신경을 많이 써야 하나 싶을 정도로 뉴질랜드 사람들은 커피에 대한 애정이 깊었다.

처음엔 주문이 밀려 초조했었지만, 적으면 2kg 많게는 6kg까지. 하루에 커피를 수백 잔씩 만들며 점점 일에 익숙해져 갔다. 그러면서 단골손님과도 자연스럽게 친해질 수 있었다. 줄 서 있는 단골손님에게 윙크를 한 번 날려주고 주문을 확인하지 않고도 미리 커피를 만들어 주었다. 그러면 손님은 의미심장하게 웃으며 커피를 받아 들고 계산대에서 계산만 하면 되는 것이었다. 일종의 요령이었지만 때로는 요령이 시간을 절약해 주는 의미에서 그리고 단골손님과 유대관계를 돈독히 한다는 의미에서 그리 나쁜 것만은 아니었다.

커피 머신을 사이에 두고 이야기를 나누는 것도 재미가 쏠쏠했다. 오늘은 날씨가 어떻다니, 우리 집 개들을 데리고 어디를 가볼까 하는데 어디가 좋을 것 같다니 심지어는 북한에 관한 것부터 시작해서 마약에 관한 것까지 이야기하는 손님도 있었다. '김정은 그 사람 진짜 못된 사람이야. 팍, 네가 볼 땐 그 사람 어떻게 생각해?' 그럴 때면 나는 그저 '아이 돈 노'로 웃어넘기곤 했다. 카페에서 손님들과 이야기를 하는 것은 곧 뉴질랜드의 문화를 알아가는 것이었고 그만큼 실생활에서 영어를 많이 사용하면서 영어 실력도 나날이 늘어갔다. 그리고 손님들이 커피가 맛있다고 한 마디씩 해주는 날이면 그날은 바리스타인 나에게 완벽한 날이 되었다.

오전 6시. 꼭두새벽부터 일어나 자전거를 타고 가는 것이 힘에 부친다. 하지만 이른 시간부터 가게 앞에서 커피를 기다리고 있는 사람들이 인사를 건넬 때면 고단함이 가신다.

잠이 덜 깬 새벽의 적막을 깨는 그라인더 소리. 동시에 그날의 첫 번째 에스프레소가 23초 간 흘러나오며 진한 커피 내음이 카페에 조금씩 퍼져나간다.

그렇게 그라인더는 오늘도 바리스타의 하루를 열고 있다.

토니

토니는 내가 일하고 있는 카페의 중국인 오너이다. 토니는 중국인을 상대로 여행 가이드 일도 함께 하고 있었는데 가이드 일이 없을 때 주로 카페에 머물렀다. 처음엔 토니를 자주 볼 수 없었지만 요즘은 관광 비수기로 인해 토니와 같이 일하는 날이 많아졌다. 우람한 덩치에 넉살 좋은 웃음을 지으면서 손님을 상대하는 토니를 볼 때면 오너이기에 앞서 친근함이 느껴졌다.

손님이 아이들을 데리고 오는 날엔 마시멜로나 초콜릿을 한 움큼 쥐어 건네주는 그의 인자한 미소엔 가식이 없었다. 그리고 마시멜로를 건네받은 아이들의 함박웃음을 볼 때면 나 또한 미소를 짓지 않을 수 없다. 가끔 나를 카페에 홀로 남겨두고 차에서 잘 때도 있었지만, 그만큼 토니가 나를 믿는다는 것을 의미하니 혼자 조금 분주해도 그리 기분이 나쁘진 않았다.

손님들이 커피를 마시고 나간 후 빈 컵을 치우다가 누군가 잊어버리고 남겨둔 가방을 발견했다. 밖으로 뛰어나가니 저 멀리 주인으로 짐작되는 사람이 걸어가고 있었는데 따라잡기엔 먼 거리여서 토니한테 이 사실을 알렸다. 그는 나와서 손님이 저 멀리 걸어가는 것을 확인하고 내 손아귀에 들려있던 가방을 휙 낚아채더니 손님이 걸어가는 방향으로 뛰기 시작했다. 오너가 이렇게 발 벗고 나서서 문제를 해결하려고 하는 모습은 나에게 이상하게 다가왔다. 보통 내가 겪었던 경험에 의하면 위에서 아래로 책임을 떠넘기는 경우가 허다했기 때문이다. 확대 해석하는 것일 수도 있지만 직장 상하관계를 떠나서 토니는 한마디로 인정이 넘치는 사람이었다.

어떤 집단에 속해서 일할 때 인간관계에서 오는 스트레스를 많이 받았었다. 나는 일개 직원이었기 때문에 부조리를 보아도, 비합리적인 것들을 요구받더라도 받아들여야만 했다. 보통 내가 일했던 직장에선 갑과 을의 원리가 존재했고 을이었던 나는 의견을 터놓고 말하지 못했다. 어떻게 보면 그것은 우리 사회에 뿌리내려져 있는 폐단 같은 것이었지만 자연스럽게 그것을 받아들이고 나는 수동적인 인간이 되어 계좌에 돈이 들어오는 것에 그저 위안을 얻었다.

뉴질랜드에 와서도 그 습성이 베여 있었는지 처음엔 이곳에서의 동료, 오너와의 관계에 적응하지 못했다. 웃어른이나 상사를 보면 고개를 숙여 예의를 표하는 것은 여태껏 내게 당연한 것이었기 때문에 나도 모르게 손님들에게 고개 숙여 인사를 하여 웃음을 자아내게도 했다. 그랬던 내가 부쩍 자연스럽게 손님들과도 말을 섞고 능동적으로 변한 것은 토니의 영향이 컸다. 단순히 돈을 버는 일터가 아니라 내가 어떤 소속감을 가지고 타인과 교류하고 있다고 느끼는 것은 토니와 동료들 그리고 손님들과의 관계에서 비롯된 것이었다.

불현듯 그를 닮아가고 있는 나를 발견할 때마다. 그리고 바뀌지 않을 것 같았던 나의 한 부분 부분들이 변화할 때마다 이 나라의 정서에 조금씩 스며들고 있음을 느꼈다.

근본적인 고민은 다르지 않다

존경하는 매니저 래티치아는 프랑스계 유태인이다. 그녀는 처음 남편과 함께 호주에서 워킹홀리데이를 하다가 뉴질랜드에 정착하게 되었다고 했다. 그녀와 함께 일을 하는 날엔 나는 그리 피곤함을 느끼지 않았다. 내가 온전히 커피에 집중할 수 있게 다른 일엔 신경을 쓰지 않도록 배려해주기 때문이었다. 가끔 로스터가 꼬여서 래티치아와 나 둘이서 일을 할 때가 있는데, 바쁠 것으로 예상되는 날이면 항상 래티치아는 키친 스태프들과 나에게 이 말을 했다.

'친구들, 우리는 하나의 팀이야. 인원이 부족하지만 유기적으로 움직인다면 우리는 오늘도 잘 해낼 수 있을 거야!'

그리고 우리는 컴플레인 없이 그날 장사를 잘 마무리한다. 가끔 그녀가 일을 하는 모습을 보면 손이 4개로 보일 때가 있다. 주문받는 것부터 서빙까지 동분서주하면서도 항상 웃음을 잃지 않는 그녀를 볼 때면 나도 모르게 힘이 솟아오르곤 했다. 그만큼 그녀는 많은 일을 도맡아 했고 항상 사람들을 독려하는 완벽한 매니저였다. 가끔 얼굴이 벌게져서 땀을 흘릴 때도 있지만, 항상 웃음을 잃지 않고 에너지가 넘치는 래티치아의 모습은 보기가 좋다.

하지만 그런 그녀가 나에게 몸이 지친다고 고백한 적이 있었다. 그도 그럴 것이 그녀는 카페 일 뿐 아니라 집에서 다림질하는 일까지 병행하고 있었다. 두 개의 일, 그리고 육아까지. 하루에 쉴 수 있는 시간이라곤 잠을 자는 시간밖에 없다고 그녀는 말했다. 그녀가 가장 원하는 것은 자기만의 시간을 가지는 것이라 했다. 눈시울을 붉히며 어디론가 사라져버리고 싶다고 말하는 그녀에게 나는 그 어떤 말도 할 수 없었다. 내가 그녀에게 해 줄 수 있는 것이라곤 나의 몸을 좀 더 움직여 카페에서 그녀의 짐을 덜어주는 것 밖에 없었다.

국적도 언어도 다르지만 삶을 살아가는 데에 있어서 근본적인 고민은 비슷했다. 나의 고민을 사람들에게 말했을 때 사람들은 진심 어린 충고와 조언을 해주었지만, 막상 내가 들어주는 입장에선 입이 잘 떨어지지 않았다. 래티치아에게 기회가 된다면 이 말을 꼭 해주고 싶다. 당신은 멋진 사람이라고, 당신을 아끼고 사랑하는 사람들 위해 다음부턴 사라지고 싶다는 말은 하지 말라고.

Western Springs
Lakeside

젊음이란

감독 이성준씨와의 만남은 데본포트의 한 카페에서 이루어졌다. 실로 한국인을 현지에서 만난 것이 오랜만이었기 때문에 익숙한 동네에서 그를 만나는 것은 설레고 즐거운 일이었다. 커피를 사이에 두고 다큐멘터리에 관해 이런저런 이야기를 나눴다. 이성준씨는 '젊음'을 주제로 독립 다큐멘터리 제작을 기획하고 있었고 가장 적절한 대상이 워킹홀리데이 중인 청년들이라고 했다. 사실 그의 작품에 나의 이야기가 흥미로운 소재일지 판단이 서지 않았지만 있는 그대로의 내 모습을 보여주겠노라 다짐했다.

이른 새벽 일전에 약속한 대로 이성준씨가 이안의 집을 방문했다. 출근하는 모습을 촬영하기 위함이었다. 눈을 비비고 일어나 시리얼로 배를 채우고 푸씨(고양이)에게 밥을 주는 모습이 고스란히 렌즈에 담겼다. 카메라를 의식하며 피곤에 짓눌린 눈을 있는 힘껏 떠 보았지만 잘 되지 않았다. 매일 아침을 푸씨와 함께 했지만 오늘은 다른 이와 함께한 특별한 새벽이었다. 어슴푸레 동이 틀 무렵 자전거를 타고 출근하는 내 뒤를 따라오는 촬영 팀을 위해 평소보다 천천히 페달을 밟았다.

카페에서 내가 일하는 모습을 촬영하고 인터뷰 시간을 가졌다. 인터뷰 질문 중 '한국 사회의 젊음에 대해 유현씨는 어떻게 생각하는지' 그리고 '청춘을 행복하게 보내고 있는지'가 있었다. 항상 스스로에게 물을 때마다 대답을 회피하곤 했던 질문이었다. 감독님이 질문을 한지 몇 분가량이 흘렀지만 쉽사리 말문이 트이지 않았다. 잠시 마음을 가다듬고 나는 말을 꺼냈다.

"반만 자유로운 것이 한국의 젊음이라고 생각해요. 사회가 요구하는 것들을 하나씩 해내가야 한다는 압박감이 있어요. 이끌려 가다 보면 순식간에 어른이 되어버리죠. 물론, 젊음의 낭만을 가지고 자유롭게 사는 사람들도 많아지고 있는 것 같아요. 한량처럼 이곳에서 여유를 부리고 있는 것이 저의 젊음이라 생각해요. 다만, 그 여유 이면엔 경쟁에 밀리고 있지는 않을까란 걱정과 워킹홀리데이가 끝난 후 미래에 대한 막연한 두려움이 어렴풋이 깔려있기도 하지요. 아마 이런 막연함 속에서 무언가 하나씩 해보는 것이 또 다른 말로 젊음이지 않을까요?

저는 지금 행복해요. 새로운 사람들과 환경 그리고 경험. 이것이 어떤 방식으로 제 인생에 도움이 될지는 모르겠지만 적어도 저는 현재 자유롭고 저를 위한 삶을 살고 있다고, 스스로가 긍정적으로 변화하고 있다는 확신이 들거든요."

이성준씨는 카메라를 들고 고개를 끄덕이며 나의 대답에 응해주었다.

장소를 바꿔서 몇 개의 질문을 더 받았고 나는 이 영상을 볼 다른 청년들을 위해 최대한 솔직하게 나의 생각을 전했다.

1박 2일 일정의 촬영은 순조롭게 끝났다. 이성준씨는 내 모습을 첫 번째로 담게 되어 시작이 좋다는 말과 함께 다큐멘터리가 제작되면 파일을 보내주겠다며 고맙다는 말을 남겼다. 그리고 그는 다음 일정이 있는 웰링턴으로 떠났다. 이성준씨와의 만남이 어쩌면 그냥 덮어두고 지나갔을지도 모르는 것들에 대해 마음을 열고 성찰할 기회를 갖게 해 주었는지도 모르겠다.

카메라에 비친 내 모습은 어떠할까. 과거의 나와 비교해 나는 얼마나 달라졌을지, 그리고 뉴질랜드를 떠나 먼 미래에 내 모습을 보았을 때 나는 어떤 감정이 들지. 새로운 감정과 새로운 의문을 남긴 채 그렇게 나는 다큐멘터리 촬영을 무사히 마쳤다.

밤하늘의 별은 공평하다

광저우 공항을 경유해 인천에 도착했다. 토니에게 2주간의 휴가를 요청해서 뉴질랜드에서 휴가를 보내는 대신 한국에서 휴가를 보내기로 결정했다. 얼떨결에 이안 또한 나를 따라 한국에서 휴가를 보내게 되었고 서로 다른 비행기를 타야 했지만 우리는 부산에서 만나기로 약속했다.

수많은 인파, 인천 공항은 사람들로 붐볐다. 대형버스가 줄줄이 공항 밖에서 대기하고 있었고, 빠른 간격으로 사람들을 태우고 공항을 벗어나는 것이 보였다. 오랜만에 마주한 한국의 하늘은 우중충했고 높은 습도에 숨이 조여 왔다. 가슴이 텁텁해지는 기분이라고나 할까. 나는 서둘러 공항을 벗어나고 싶었고 서울에 들러 집에 가겠다는 초기의 계획을 변경해 곧바로 울산행 버스 티켓을 끊었다. 기분은 군대에서 휴가를 나와 고향으로 내려갈 때와 흡사했다. 동네는 얼마나 변했을지, 가족들과 친구들은 잘 지내고 있는지, 불과 떠난 지 몇 개월밖에 되지 않았지만 설레는 기분을 감출 수 없었다.

갑작스럽게 내가 집에 들이닥쳤음에도 불구하고 어머니는 그리 놀라는 기색이 없으셨다. 잠시 벙쪄 서있으시긴 했지만 갑자기 여긴 웬일이

냐며 평정심을 유지한 채 물으셨다. 오랜만에 만난 아들을 보고 반가워하지 않으실 부모님이 계실까. 어머니는 몸이 많이 야위었다고 나의 건강부터 걱정하셨다. 그동안의 이야기보따리를 풀며 나는 2주간 휴가를 받아서 한국에 왔다고 말씀드렸다. 이안이 지금 부산에 있는데 한국에 왔으니 식사라도 대접하고 싶다고 말하자 어머니는 흔쾌히 날을 잡아보자고 했다. 뉴질랜드에서 내가 그에게 받은 것만큼은 못하지만 진심을 담아 정성스레 그를 대접했다. 낯선 땅에서 사귄 사람과 함께 한국에서 추억을 쌓는 것은 나와 우리 가족에게 특별한 경험이었다.

한국에 있는 동안 가끔 뉴질랜드가 생각났다. 파란 하늘과 맑은 공기, 붐비지 않는 거리들. 환경적으로 뉴질랜드와 한국은 대비되었다. 차이를 꼬집자면 고층빌딩이 빼곡한 서울의 모습은 자연에 저항하는 듯했고, 뉴질랜드는 자연을 품는 느낌이었다. 공항철도를 타며 인간이 만들어낸 완벽한 인프라 그 인위적인 조형물 앞에서 나는 연신 감탄사를 뱉었다. 지하로 어둠을 뚫고 달리는 그 기다란 것이 하루에 수십 번을 같은 길을 왔다 갔다 할 것을 생각하니 머리가 어질어질했다. 더 나은 편함과 더 나은 안락을 위해 우리나라는 계속해서 위로위로 끝을 알 수 없는 탑을 쌓는 듯했다.

한국의 거리는 잠들지 않았다. 자정이 지나 새벽 세시가 되어도 거리엔 누군가 한 모퉁이를 차지하고 있었고 도로 위에 차들은 빨갛게 충혈된 채 거리를 달리고 있었다. 저녁 9시만 지나면 불빛이라곤 없는 뉴질랜드와는 달리, 시간의 정지란 개념이 이곳에선 통하지 않는 걸까. 도시는 끊임없이 바삐 움직이며 자신의 질긴 생명력을 과시하는 듯했다. 모두가 그 도시 안에서 서로 위안을 받으며 나 혼자만 가쁜 것이 아니라고 자위하는 듯했다.

저마다 늦은 저녁 일을 마치고 찾아온 카페. 그 안락한 공간에서 시원한 커피를 마시며 내뱉는 넋두리를 낙으로 사는 사람들. 서리 낀 뿌연 창문을 열고 들어가면 빨개진 얼굴로 술잔을 기울이고 있는 사람들. 사람들이 누리는 소소한 행복, 그 가운데 나 또한 조금의 안식을 누릴 수 있었다. 삶이 팍팍해질수록 사람들은 개인적으로 변하는듯하지만 멀리서 볼 때 그들은 더욱더 강한 유대를 형성하는 듯했다.

잠들지 않는 도시와 사람들. 그것을 바라보는 밤하늘의 별은 공평하다. 별빛은 누구 하나 치우침 없이 각자의 삶에 조명을 비춰준다. 조금은 그 시간이 길지도 모르지만, 어떻게 보면 하루가 길다는 것은 우리나라 사람들만의 소박한 특권이 아닐까.

혹독한 오클랜드의 겨울

세수를 하지 않아서인지 눈꺼풀이 눈을 짓누르는 듯한 느낌을 받으며 자전거를 타고 출근을 한다. 힘겹게, 힘겹게 오르막을 올라가니 숨이 가빠온다. 이른 아침 몸이 완전히 잠에서 깨지 않은 상태에서 자전거를 타면 더욱더 몸이 지친다. 다리 근육은 또 아침부터 난리냐며 제발 좀 쉬면 안 되겠냐고 아우성치지만, 모든 지휘권은 뇌에 있다. 나는 일을 하러 가야만 하고 두 다리는 쉴 새 없이 칼로리를 태운다. 오르막을 올라가면 내리막이 있기 마련이지만 길은 인생과 같다 하던가, 내리막 바로 뒤에 펼쳐져있는 또 다른 오르막은 내려가기 전부터 나를 지치게 만든다. 그래도 최대한 빨리 내려가면 탄력을 받아 오르막을 오르기도 쉽기 때문에 나는 빠르게 두 발을 움직여본다.

저 멀리 오클랜드 동쪽 하늘에선 해가 솟아오르며 주위의 구름에 강렬히 빛을 쏜다. 핑크빛 하늘의 진풍경은 마음의 짐을 한결 덜어주는 듯하지만, 그것도 잠시 서쪽하늘에서 보이는 먹구름은 나를 집어삼킬 듯 빠른 속도로 다가온다. 저 시꺼먼 것으로부터 닥쳐올 소나기를 피하기 위해 나는 더욱더 빨리 페달을 밟지만 강한 서풍을 타고 빠르게 날아오는 비를 맞을 수밖에 없다. 하늘을 원망하며 빗물로 세수를 하는 것도 하루

이틀. 어느 정도 적응이 될법한 날씨지만 여전히 한숨을 토하며 가방에 비옷이 있음에도 불구하고 비를 맞고 출근한다. 오클랜드 겨울 날씨는 기상 예보를 확인하는 것이 바보일 정도로 변화무쌍했다.

나는 8월에 오기로 한 친구 기경이와의 여행 자금을 모으려 두 가지 일을 병행하고 있었다. 낮엔 일하고 있는 카페에서 바리스타로 밤엔 한국인이 운영하는 고기 뷔페에서 키친핸드로. 금, 토, 일, 두 가지 일을 함께 하는 이 3일은 스스로 정의 내리길 'hell days'가 되었다. 투 잡을 하는 것은 처음이었는데 초기엔 뭐 이 정도면 할 만하지 했다가 몸에 피로가 축

적되다 보니 스스로를 고문하는 듯한 느낌이 들었다. 여행 자금을 마련하기 위함이었지만 어떻게 하다 보니 이것은 나와의 싸움으로 변질되어 버렸다. 육체노동이 주를 이루는 두 가지 일을 병행하기 위해선, 생각보다 강한 의지와 자기 관리가 필요했다.

결국 메인 잡이었던 바리스타 일에 무리가 가기 시작했다. 전에 없던 실수가 잦아졌고, 동료들에게 피해를 주기 시작했다. 그리고 난 목표로 한 두 달에 아주 못 미친 6주 만에 키친핸드 일을 그만두기로 결정했다.

어쩌면 험악한 날씨를 이겨 내야 할 것이라 생각하고 나 자신에게 더욱더 채찍질을 가한 것이 아닐까. 몸이 고단할 때마다 스스로가 한없이 초라하게 느껴졌다. 혼자서 외로이 길을 걷는 느낌. 그 어떤 말로도 위로가 되지 않는 느낌. 그저 혼자 헤쳐 나가야 한다는 이 느낌은 절망의 늪에서 허우적대며 긍정과 치열하게 싸울 때 더욱더 심해지는 것이었다.

뷔페 일을 그만두는 마지막 날, 마감을 하고 집으로 가려던 찰나 사장님이 나를 부르셨다. 사장님은 보통 애들은 일이 힘들어 며칠 못하고 그만둔다며 그동안 고생 많이 했다는 말과 함께 음료 진열대에서 소주를 꺼내 주셨다. 뉴질랜드에서 소주 가격은 웬만한 와인 한 병 가격과 맞먹었기 때문에 나는 감사히 소주를 받으며 2주를 더 못 채우고 그만두게 되어 죄송하다고 말씀드렸다. 사장님은 괜찮으니 나중에 여행 떠나기 전에 고기라도 먹고 가라며 내 어깨를 툭 치셨다.

집에 돌아오니 마음 한편이 가벼웠다. 더 이상 투잡의 압박 속에서 지내지 않아도 된다는 생각에 행복했다. 문득 손을 보니 여기저기 칼에 베인 상처가 많았다. 주방에 같이 계셨던 아주머니의 손에 비하면 내 상태는 별것 아니었지만 태어나서 처음 칼을 잡고 야채를 손질하던 내 모습을 떠올리니 입가에 씁쓸한 미소가 번졌다. 사장님이 주신 소주를 가방에서 꺼내 마셨다. 뉴질랜드에서 처음 맛보는 소주. 한 잔, 두 잔 소주 맛은 쓰고 달았다. 비록 소주잔을 함께 기울일 사람은 없었지만 피곤한 몸에 취기가 금방 올라와 기분이 좋아졌다.

뉴질랜드의 늦은 밤, 그렇게 나는 마지막 헬 데이를 끝내고 굵고 강렬하게 빛을 발하다 산화해버리는 종잇조각처럼 마지막 에너지를 불태웠다. 푸른 하늘에 먹구름이 몰려와 억수 같은 비를 쏟을 때도 있지만 언제 그랬냐는 듯 그 뒤에 밝은 태양이 얼굴을 들이밀며 반갑게 인사할 때도 있지 않은가. 오클랜드의 겨울은 나에게 소리 없이 찾아왔지만 또 그렇게 소리 없이 지나가고 있었다.

김치 일병 구하기

뉴질랜드에서 나를 행복하게 하는 것 중 하나는 한인 마트를 가는 것이었다. 한국의 대형마트보다는 그 규모가 훨씬 작았지만, 라면이면 라면 과자면 과자 심지어 된장, 고추장까지. 한국에서 물 건너온 물품들이 꽉 채워진 진열대 사이를 걷다 보면 나도 모르게 마음이 설레곤 했다. 가는 길에 차고지가 많고 교통이 좋지 않아 자전거를 타고 가기엔 위험했지만, 국물밖에 남지 않은 김치 통에 새로운 김치를 채우기 위해선 그 정도 위험은 감수해야 마땅했다. 김치가 없는 밥을 4일째 먹으니 입에 가시가 돋는 듯했고, 가시 돋친 입에 직방인 약은 김치란 것을 알았기에 흐릿흐릿 소나기가 올 듯한 하늘을 불신하며 그렇게 또 자전거에 올라탔다.

아니나 다를까 저 멀리 무지개 스펙트럼이 보이는 이유는 분명 빗방울이란 차가운 것이 존재한다는 것을 의미. 시꺼먼 먹구름이 서쪽에서 몰려오는 것이 보였지만 이미 절반 넘게 와버린 이상 되돌아가는 것은 너무나 아까웠다. 내 눈동자에 담긴 빨주노초파남보로 이루어진 반원의 띠는 그렇게 나를 놀리듯 아가리를 벌리며 나에게 점점 가까워지는 듯했다.

김치와 라면, 참기름과 돼지고기를 가방에 집어넣고 집으로 돌아가는 길, 시야가 흐릿해질 정도로 비가 억수같이 퍼부었다. 온몸이 젖고 한기가 돌았지만 나는 멈추지 않고 달렸다. 아마 자전거를 타는 내내 영어로 할 수 있는 욕이란 욕은 다했을 것이다. 비를 피하지 않고 달리는 내가 괘씸했는지 하늘은 계속해서 나에게 오줌을 뿌려댔다. 그래도 좋은 것은 뉴질랜드의 비는 깨끗하다는 것. 아마 이 비에 내 몸도 차차 적응되리라.

두툼한 팩에 든 김치를 김치 통에 넣을 것을 상상하니 비가 얼굴을 때려도 기분이 좋다. 땀인지 비인지 모를 것들이 나의 턱 선을 타고 뚝뚝 떨어지지만 가방 안에서 벌써 발효를 시작했을 김치를 무사히 집으로 데려가기 위해 묵묵히 페달을 밟는다.

아… 나의 사랑 김치.

제3장

백패커의 삶은 배고픔이다

여행

어깨에 배낭을 메고
그는 하염없이 길을 걷는다
산이며 들이며 강이며 바다며

하얀 구름을 가로질러
철새 한 무리가 떼를 지어 날아간다

잠깐 나무에 기대면
산들바람이 귀를 간지럽히고
잎사귀들을 살며시 스치운다

해가 산허리를 넘어가고
석양이 마지막 빛을 쏟아낼 때
그는 별과 달을 기다린다

기다림은 즐거움의 연속이다
길 위에 펼쳐진 새로운 장면
스쳐가는 모든 것이 아름답다

길 위로 떠날 준비

시간 가는 줄 모르고 콧물을 찔찔 흘리며 놀이터에서 놀았던 초등학교 3학년 시절. 친구 기경이와의 만남은 같은 반이 되면서부터 시작되었다. 15년 전, 우리가 살던 동네는 지금처럼 건물로 빽빽하게 차 있지만은 않았다. 풀밭이나 개울이 있었던 환경은 유년시절 우리의 놀이를 더욱 풍성하게 만들어주곤 했다. 꼬맹이 둘은 그렇게 산으로 들로 쏘다니며 산에 떨어진 나뭇가지를 주워 아지트를 만들고 행여 누가 발견할까 주위를 살피곤 했다.

기경이와의 사이가 시들해진 시점은 내가 중학교 때 이사를 가면서부터였다. 같은 중학교를 다녔지만, 다른 반이었기 때문에 부딪힐 일이 별로 없었다. 각자 같은 반 친구들과 어울리기에 여념이 없었고, 우리는 마주치면 인사 정도 하는 사이로 지내게 되었다. 그리고 중학교를 졸업하고 각자 다른 고등학교를 가고 나서부터 기경이의 소식을 접할 수 없었다.

우리가 다시 만나게 된 것은 내가 군대를 전역한 후부터였다. 페이스북에 기경이가 추천 친구로 나와 있었고, 자연스럽게 메시지를 주고받았다. 그 당시 나는 뉴질랜드 출국 전 막바지 준비를 하고 있었고 기경이는 이제 막 대학교에 합격해서 입학 대기를 하고 있던 상태였다.

오랜만에 만난 그의 모습은 많이 달라져있었다. 말끔하고 부드러워진 모습을 드러낸 그에게서 어떤 위화감이 느껴졌지만 그 만한 이유가 있었다. 기경이는 몸이 좋지 않았었다고 했다. 어릴 때부터 몸이 약한 것을 알고 있었지만 고등학교 때 과도하게 스트레스를 받아서 중퇴를 할 수밖에 없었다고 했다. 학창 시절을 만끽할 나이에 그는 병과 싸워야 했던 것이다. 혼자 시간을 보내는 일이 많아짐에 따라 사람들과의 관계가 소원해졌지만 그래도 지금은 많이 나아졌다고 나에게 말했다.

나는 기경이가 그렇게 힘든 시간을 보냈는지 꿈에도 몰랐다. 달라진 그의 분위기에서 그동안 그가 어떤 인고의 시간을 보내며 전과 다른 자신의 모습을 쌓아왔음을 느꼈다. 비록 같은 아파트 통로에서 살고 있진 않았지만 그날 이후 우리는 더 자주 연락하며 지내게 되었다.

은연중 기경이는 장난스럽게 나에게 말했었다.

'내 기회 되면 여름 방학 때 뉴질랜드 함 놀러 갈게. 그때 여행 같이 함 하자. 그때까지 살아남아 있어 봐라 유현이.'

당시 맥주를 마시며 했던 그의 말을 나는 가슴속 한편에 안고 뉴질랜드로, 기경이는 대학교로 각자의 삶을 찾아 떠나게 되었다.

뉴질랜드에 와서 가장 많이 연락한 친구는 기경이였다. 기경이는 내가 뉴질랜드에서의 생활을 말해 줄 때면 한국이랑 진짜 다르다며 신기해하곤 했다. 자신은 대학교 생활이 적응이 잘 되질 않는다며 나에게 고민을 토로하곤 했다. 그러던 어느 날 기경이의 목소리 평소보다 훨씬 더 상기되어있는 듯했다. 필히 무슨 일이 있는 것 같았지만 좀처럼 말을 꺼내지 않았다. 그러더니 갑자기 휴학계를 냈다고 나에게 말했다. 입학을 한지 불과 한 달도 채 되지 않은 시점이었다.

"유현이 내 휴학계 냈다."
"뭐라고? 구라치고 있네. 진짜가?"
"내 대구에서 울산 내려간다. 이제."
"진짜가?"
"그래 진짜지. 내 뉴질랜드 갈라고 니처럼."
"뭐라노? 뉴질랜드에 왜 니가 오는데?"
"아니 그냥. 학교생활도 안 맞는 것 같고, 아직 마음 준비가 안 됐는 갑다."
"여 와서 어떡할라고? 그래도 한 학기는 하고 와야 되지 않겠나?"
"모르겠다. 그냥 다니기가 싫다. 다음 달에 지원할 수 있던데 함 해볼라고."

뜬금없는 그의 발언에 어안이 벙벙했지만 나는 정신을 차리고 재차 물었다.

"야, 이거 만만하게 보면 안 된다. 나는 뭐 싸돌아 다니는 거 좋아해서 괜찮은데… 부모님은 뭐라시던데?"

"몰라 함 해봐야지. 학교 답답해서 못 있겠다."

"야 잘 생각해봐라. 그렇게 단순하게 싫다고 결정 내릴 게 아니다이가."

"나도 많이 생각했다. 근데 가고 싶다. 사람이 하고 싶은 거 하면서 살아야지. 지금 아니면 언제 해 보겠노. 맞다이가?"

"…."

친구의 마지막 말을 듣고 나는 할 말을 잃어버렸다. 그렇다. 이것은 친구의 결정이었고, 지금 아니면 언제 해 보겠노 라는 친구의 말에 아무런 반박을 할 수 없었다. 나 또한 분명 뉴질랜드에 오기로 결정했을 당시 같은 생각을 가지고 있었으니까 말이다.

"그럼 언제쯤 올 생각인데?"

"내 한 7, 8월 달쯤, 나도 가기 전에 준비를 좀 해야 되지 않겠나. 초기 자금도 마련해야 될 거고."

"알았다. 그럼 이제 학교는 안 가나?"

"안 간다니깐. 이미 울산가고 있다."

"어휴, 니도 진짜… 일단 차차 생각해보자."

그로부터 6개월 후 2주간 뉴질랜드로 여행을 오겠다던 친구의 말은 정말로 현실이 되었다. 8월 23일. 큼지막한 캐리어와 짐이 한가득 들어있는 배낭을 멘 기경이와 나는 데본포트의 페리 터미널에서 상봉했다. 저 멀리 한국의 향기를 한가득 품고 온 기경이가 너무나도 반가웠다.

여행을 떠나기 전까지 기경이는 이안의 집에서 나와 함께 머물렀고 우리는 본격적으로 여행 준비에 돌입했다. 카페에도 일을 그만둘 것이라고 노티스를 준 상태였다. 우리를 막을 것은 없었다. 우리는 그저 길 위로 떠나기만 하면 되는 것이었다.

여행을 위해 1,400달러를 주고 구입한 1994년식 도요타 크레스타 앞 좌석을 각각 차지하고 앉아 우리는 다큐멘터리 주제에 관해 토론했다. 여행을 하면서 처음으로 로드 다큐멘터리를 찍기로 마음먹었고 그것을 통해 나는 정말 이 분야에 내가 흥미와 재능이 있는지 알아보기로 했다.

가진 건 쥐뿔도 없는 두 젊은이가 여행을 다니며 만들어 낼 수 있는 것들이 과연 무엇일까. 한 번하면 몇 백 불이 훌쩍 넘어가는 관광 액티비티를 즐기기엔 우리의 예산은 터무니없이 부족했다. 돈을 아끼기 위해 무료 캠핑장을 이용하고 차 안에서 자기로 한 마당에 사치스러운 여행은 우리와 어울리지 않았다. 보통의 여행 다큐멘터리에서 보여주는 관광지에 대한 소개, 먹거리 즐기기 또한 지식이 부족한 우리가 담아내기엔 또 어려운 것이었다. 그러던 중 문득 나의 머리에 한 단어가 스쳐 지나갔다.

'트레킹'

트레킹, 하이킹을 포함한 모든 걷기 활동은 가난한 백패커에게 그 어떤 비용도 들지 않는 최고의 액티비티였다. 걸어 다니면서 뉴질랜드 자연경

관을 담을 수도 있고, 그 와중에 우연적으로 발생할 상황들을 생각하면 작품은 아니더라도 꽤 리얼하게 다큐멘터리를 만들 수 있을 것이라 생각했다. 우리가 지불해야 할 경비는 식비와 기름 값 그리고 가끔씩 이용할 호스텔 비용밖에 없었다.

"내가 하나 생각했는데, 어차피 힘들 거면 진짜 힘들게 가는 게 어떤데?"

"어떻게?"

"뉴질랜드에 유명한 트랙이 엄청 많다이가. 3, 4일 걸리는 그레이트 워크(great walks)도 있고, 당일로 갈 수 있는 트레킹도 많을 거고. 트레킹 위주로 여행하면 경비도 아낄 수 있어서 좋을 것 같은데?"

"괜찮은 거 같다. 근데 그러면 촬영하는 게 힘들지 않겠나? 산타고 계속 걸으면서 영상 찍는 거 쉽지 않을 텐데?"

"몰라. 일단 해 보는 거지. 우리가 가진 게 뭐 두 다리 말고 더 있겠나."

"나는 뭐 찬성이다. 그럼 대충 산타고 걸어 다니면서 영상 찍으면 되는 거가?"

"그렇지. 그런 의미에서 다큐멘터리 제목으로 네 개의 발 어떤데? 사람이 2명이니까 발도 네 개다이가. 그래서 네 개의 발. 부제로 대한민국 두 명의 대학생 뉴질랜드 길을 걷다. 괜찮지 않나?"

내가 그린 다큐멘터리의 대략적인 그림은 우리가 함께 걸으며 힘든 순간을 극복해가는 과정이었다. 여행 중간 중간 마주할 우연적인 상황들, 서로 간의 갈등 그리고 각자의 시선에서 본 우리의 모습 등이 머릿속에서 그려지는 대략적인 플롯이었다. 옆 좌석에 앉아 있는 기경이 또한 그리 싫은 반응은 아닌 것 같았다.

뉴질랜드에는 수많은 트레킹 코스가 있다. 관광객 유치를 위해 정부에서는 DOC(자연보호부)를 두어 트랙을 관리하도록 하고 있었고, 해마다 수많은 사람들이 트랙을 걷기 위해 먼 나라에서 찾아오기도 했다. 우리는 여행의 시작으로 반지의 제왕 촬영지인 통가리로 국립공원에 가기로 결정했다. 이곳엔 루아페후, 모르도르로 알려진 나루오헤, 그리고 통가리로, 세 개의 화산이 있었다. 우리는 그중 프로도가 샘과 함께 반지를 파괴하기 위해 올라갔던 모르도르, 즉 나루오헤 산을 우리의 첫 여행지로 결정했다.

계절은 초봄. 아직까지 아침, 저녁 기온이 쌀쌀한 터라 우리는 단단히 옷을 여미고 차에 올라탔다. 이안은 여행 중에 일이 생기면 자신에게 반드시 연락하라며 집 밖으로 나와 우리가 시야에서 사라질 때까지 손을 흔들어 주었다.

여행의 시작은 순조로웠다. 먼저 대형마트에 들러 일주일 치 식량을 샀다. 산 것이라고 해봐야 라면과 견과류 그리고 과일 통조림 밖에 없었지만 봉지 한가득 들어있는 식량을 보니 진정 여행하는 기분이 들기 시작했다. 기경이는 자동차 핸들을, 나는 한 손에 카메라를 꽉 쥔 채 백미러 속 멀어져 가는 오클랜드의 스카이타워를 바라보았다.

오클랜드에서 통가리로 국립공원까지의 거리는 약 360km. 우리는 무리하지 않고 중간에서 캠핑을 하기로 결정했다. 날이 어둑해질 즈음 도시에서 많이 떨어진 어느 호수 근처 캠핑장에 도착했다. 관리인은 따로 없었고, 다른 캠핑 차량만 한 대 있었다. 바람이 많이 불고 날이 금세 어두워져 우리는 텐트 설치를 포기했다. 대신 바닥에 방수포를 깔고 먼저 라면을 끓여먹기로 했다.

하이킹용 스토브를 켜고 불이 꺼질세라 우리는 온몸으로 바람을 막고 첫 식사 시간을 가졌다. 따뜻한 라면 국물이 배속으로 들어가니 금세 포만감이 느껴졌다. 주위엔 그 어떤 불빛도 찾아볼 수 없었다. 깜깜한 밤하늘 아래 바람에 밀려오는 잔잔한 호수의 물살만이 육지와 부딪혀 적막을 깨고 공허하게 울려 퍼지고 있었다. 장시간 운전으로 둘 다 지쳐있었기 때문에 우리는 빨리 잠에 들기로 했다. 차 안에서 침낭으로 몸을 감싸고 잘 준비를 하는데 기경이가 먼저 운을 뗐다.

"이렇게 나오니까 좋긴 한데, 뭔가 벌써 지치지 않나?"

기경이는 씁쓸한 미소를 지으며 나를 바라보았다.

"맞다. 이래 피곤해가지고 한 달 동안 어떻게 다니지? 미치겠네…."

"유현이, 근데 있다이가 우리 꼭 그 산에 가야겠나? 그때 보니까 날씨도 별로 안 좋고, 가이드 없이 올라가는 것도 무리인 것 같은데. 기사 보니까 최근에 사고도 많이 났더만."

기경이는 산에 올라가는 것이 못내 불안한 듯했다.

"아니다. 거 가면 또 날씨가 변할 수도 있다이가. 그리고 우리가 조심만 하면 문제없을 거다. 가보고 영 아닌 것 같으면 돌아오지 뭐."

"아니면 여행 끝날 때 즈음에 다시 오는 게 어떤데? 그때면 날씨도 많이 풀릴 거고 이안 친구 분 도움받아서 같이 올라가는 게 더 나아 보이는데…."

그렇다. 통가리로 국립공원의 기상 상황은 최악이었다. 기상예보를 확인해보니 7일 동안 '맑음'이라곤 찾아볼 수 없었다. 특히 우리가 여행하는 시기는 비수기(Out of Season)로 정부에서 되도록 산행을 피하는 것이 좋다고 권장하는 때이기도 했다.

실제로 나는 통가리로 국립공원에 간 적이 있었다. 한 겨울, 등산 전문가인 이안의 친구 토니와 함께 나는 처음으로 뉴질랜드에서 산을 등반했다. 당시 산을 오를 때 예상치 못했던 강한 바람을 동반한 눈보라가 몰아쳤었다. 눈이 덮인 산을 걷기 위한 장비를 제대로 갖추지 않았었고 급기야 토니는 눈길에 미끄러졌다.

시야 확보도 어려웠었던 터라 우리는 어쩔 수 없이 도중에 하산을 결정했다. 살면서 처음으로 산이 무섭다는 생각을 했었기 때문에, 이번에도 신중히 결정을 내려야 했다. 날씨가 좋지 않아 산의 모양조차 제대로 눈에 담지 못했던 그때 너무나 아쉬움이 컸기에 나는 기경이에게 지켜보자고 말하곤 잠을 청했다.

다음 날 일어나 날씨를 확인해보니 다행히도 우리가 산을 오르기 한 날의 날씨가 나쁘지 않았다. 이 사실을 나는 기경이에게 알리며 설득했고, 우리는 등반을 도전하기로 결정했다.

나루오헤에서 위기를 맞다

차를 타고 통가리로 국립공원으로 가는 길. 양 옆으로 드넓은 황무지가 펼쳐져있었다. 화산 활동으로 날아온 화산재가 토양을 덮어 생명이 서식하기 힘든 환경을 만들며 척박하고 황폐한 분위기를 연출했다. 비포장도로를 20여 분간 달린 끝에 통가리로 국립공원 입구에 이르렀다. 산 주위로 빠르게 이동하는 먹구름 사이로 간간이 푸른 하늘이 보였다. 그리고 지난번과는 달리 거대한 산의 형상이 모습을 드러냈다. 정상부터 중간 지점까지 새하얀 눈으로 뒤덮여 있는 나루오헤의 모습은 정말로 영화 반지의 제왕에서 나오는 모르도르를 연상시켰다.

시간을 지체할 수 없었으므로 우리는 빠르게 이동했다. 한 손에 카메라를 들고 걷는 일이 여간 쉽지 않았지만, 나를 시험해 볼 겸 천천히 산을 올라갔다. 통가리로와 나루오헤 사이에 위치한 협곡 지점에서 바람이 드세게 불어왔다. 정상으로 올라가는 길을 찾는 것이 어려워 헤매고 있던 중 눈길에 사람이 지나간 흔적이 보였다. 우리는 가져온 아이젠을 착용하고 발자국을 따라 눈길을 올라갔다. 행여나 길을 잃을 것을 대비

해 흙을 뿌리며 길을 걷고 있는데 저 멀리서 사람들의 외침이 들려왔다.

"이봐요. 당신들 지금 어디로 가고 있는 겁니까?"
"나루오헤 정상으로 가고 있어요!"
"거기는 길이 아니에요. 위험합니다. 내려오세요! 더 쉬운 길이 있으니깐 거기로 가요!"

우리는 멍청하게 서서 서로를 바라보았다. 길도 나 있지 않는 곳을 무턱대고 올라가려고 한 것이었다. 우리는 다시 내려와 우리를 향해 길이 아니라고 외쳤던 사람들의 뒤를 따라갔다. 가이드를 대동한 그룹이었는데 머리엔 안전모 그리고 아이스 엑스까지 안전 장비를 우리와는 달리 모두 갖추고 있었다.

"기경이, 저 사람들도 나루오헤 정상 가려나 본데?"

"장비도 다 갖추고 있는 것 봐서 그런 것 같다. 한 번 따라가 볼까?"

우리는 속도를 늦추고 사람들의 뒤를 따라갔다. 한 시간 정도 더 걸었을까. 두 갈래 길이 나왔다. 일행 중 가이드로 보이는 사람이 우리에게 다가와 오른쪽을 가리켰다.

"자, 저쪽으로 가면 나루오헤 정상으로 올라갈 수 있어. 저 길이 그나마 가장 안전한 길일 거야. 그럼 행운을 빌어."

"아니 잠깐, 너희는 산에 안 올라가는 거야?"

"우리는 다른 트랙을 걸을 거야. 오늘 같은 날에 산을 올라가는 건 조금 무리가 아닐까 싶어."

가이드가 가리키는 방향을 바라보니 보이는 것이라곤 짙은 안개뿐이었다. 시야 확보조차 제대로 되지 않는 상황에서 올라가는 것은 역시 무리라고 생각했지만, 우리는 여기까지 온 김에 한번 시도는 해보자라는 마음으로 나루오헤를 오르기 시작했다. 초반엔 트랙 중간 중간 폴(pole)이 있어서 길을 찾는 것이 어렵지 않았다. 하지만 산 중턱쯤 올라가니 눈

속에 폴이 파묻혀 버렸는지 그마저도 찾을 수가 없었다.

나는 앞장서서 길을 찾았다. 다른 사람들이 걸었던 흔적이 있었기 때문에 그 발자국을 보고 위로위로 계속 올라갔다. 깎아지르는 급경사와 자갈 때문에 올라가는 것이 힘겹게 느껴졌다. 안개로 인해 가시거리가 얼마 되지 않아 상황은 더욱 어려워졌다. 뒤를 돌아보니 어느새 기경이가 저 멀리 뒤처져 있는 것이 보였다. 산의 총고도는 2,200m, 휴대폰 어플로 확인한 결과, 우리의 위치는 2,050m쯤이었다.

정상과 가까워질수록 눈의 깊이가 깊어졌다. 발 한번 잘못 놓으면 그대로 아래로 굴러 떨어지는 건 순식간이었기 때문에 결국 나는 멈춰 섰다.

거리만 가늠할 수 있다면 도전해 볼만했지만, 장비도 제대로 갖추지 않은 상태에서 이대로 계속 가는 것은 욕심이라 판단해서였다. 어느새 기경이가 올라와 땀이 흠뻑 젖은 채 거친 숨을 몰아 내쉬는 것이 보였다. 서리 낀 안경을 닦아내며 기경이가 말했다.

"헉헉… 와 유현이 여기서부터는 진짜 힘들겠는데? 저 경사 봐라."
"잠깐 여기 있어봐. 내가 조금만 더 올라가볼게."

삐죽빼죽 튀어나온 돌을 짚으며 최대한 안전한 길을 찾으려고 했지만, 눈에 보이는 건 오로지 새하얀 눈과 자욱하게 깔린 안개뿐이었다. 멍하니 서서 주위를 둘러보았다. 그 어떤 소리도 들리지 않았고 심지어 바람조차 불지 않았다.

"기경이 안 되겠다. 더 이상은 무리일 것 같다!"

결국 우리는 하산했다. 감각에 의존해 미끄러지듯 내려가다 보니 어느새 출발했던 지점이 보였다. 구름이 걷히고 반대편에 위치한 웅장한 통가리로의 모습이 안개 사이로 어렴풋이 보였다. 무사히 내려온 우리를 감싸 안듯 눈 덮인 산은 자신의 매력을 한 층 뽐내며 기다란 파노라마를 그리면서 우리를 맞이했다.

차에 도착하니 긴장이 풀리며 몸에서 열이 났다. 이 상태로 비박을 하

는 것은 우리 둘 모두에게 힘들 것이라 생각하여 근처 호스텔을 가기로 결정했다. 에너지 소모가 컸던 탓인지 기진맥진한 상태였지만 일종의 성취감을 맛보았던 우리는 기분 좋은 노곤함을 느낄 수 있었다.

차 안에서 산을 오르며 찍은 영상을 보니 당초 만들고자 했던 다큐멘터리의 첫 단추를 잘 꿴 기분이 들었다. 한 치 앞도 내다볼 수 없었던 안갯속. 그 뿌연 세계 안에서 여행이 던져주는 무언의 메시지를 어렴풋이 읽었다. 자동차 백미러에서 3개의 화산이 조금씩 멀어져 가며 우리에게 작별을 고하는 것이 보였다. 그것도 잠시 산은 다시 구름의 품으로 종적을 감추었다.

너의 친구는 나의 친구이기도 하다

북섬 중심부 타우포에서 100km 떨어진 모하카 강 무료 캠핑장. 텐트에서 잠을 청하기 위해 차가운 지면에서 올라오는 한기와 사투를 벌였다. 결국 나는 등이 시려 몇 바퀴 구르다가 한 밤중에 차로 자리를 옮겼다. 일어나 보니 기경이 또한 잠을 설쳤는지 피곤한 기색이 역력했다. 침낭에서 몸을 빼내 차 밖으로 나오자 양들이 풀을 뜯어먹으며 아침 식사를 즐기는 것이 보였다. 우리도 질 새라 라면을 끓여먹고 얼음같이 차가운 강물에 세수를 한바탕 했다. 그리고 다음 목적지, 토니가 살고 있는 헤이스팅스로 떠날 준비를 했다.

토니는 킬리만자로, 히말라야 8,000m 고지 등 세계의 유명하고 험한 산을 등반한 등산 전문가였다. 토니와의 친분은 3개월 전 함께 산행을 가면서부터 두터워졌다. 이번 여행을 위해 나는 몇 가지 뉴질랜드 트랙에 대한 조언을 토니에게 구했었고 그때마다 토니는 친절하게 답장을 보내주곤 했다.

구불구불한 산길을 한 시간 정도 달려 나오니, 모하카 강에선 잡히지 않았던 휴대폰 서비스 신호가 다시 잡혔다. 곧바로 토니에게 연락해 몇 시간 후면 도착할 것이란 말을 전했다. 기다리고 있겠노라고 말하는 반가운 그의 음성을 들으니 여행 중 처음으로 따뜻한 잠자리와 식사를 가질 것에 대한 기대가 한껏 부풀어 올랐다.

헤이스팅스는 꽤 전원적이었다. 농장이 많기로 유명한 곳이어서 그런지 많은 빈 야드가 들판 전체를 꽉꽉 채우고 있었다. 우리의 모험담이 궁금했는지 토니는 어떻게 산에 올라갔는지 날씨는 어땠는지 이것저것 물어보았다. 촬영해온 영상을 그에게 보여줬더니 우리를 미친 한국인(crazy korean)이라며 다음부터는 이런 무모한 산행은 절대로 하면 안 된다고 경고했다. 그것도 그럴 것이 토니는 매 해마다 뉴질랜드에서 크고 작은 사고가 트레킹 중에 발생한다고 했다. 아무리 전문가라 해도 날씨와 운이 좋지 않으면 위험에 처하는 것은 순식간이라며, 몇 주 전에도 우리가 다녀온 산에서 사람이 실종되어 헬기를 동반한 구조대가 출동했다는 기사를 보았다고 했다. 토니는 위험을 강조하며 다음부터 트레킹을 할 때는 꼭 날씨가 좋을 때 하라고 당부했다.

토니는 우리가 온다는 소식을 들은 그의 여동생 데일이 우리와 저녁식사를 함께 하고 싶어 한다고 말했다. 그렇게 이른 저녁 우리는 토니의 집으로부터 몇 블록 떨어진 데일의 집을 방문했다.

데일의 집에서 느낀 것은 이루어 말할 수 없는 고마움이었다. 그녀가 제공한 식사는 살면서 내가 받아본 대접 중 가장 따뜻하고 훌륭했다. 데일은 우리에게서 북한과 남한의 문제에 대해 듣기를 원했는데 그녀는 김정은이 나쁜 통치자라는 것만은 알고 있었다. 나는 내가 알고 있는 대로 북한의 현실에 대해서 말해주었다.

'북한이 핵무기로 국제 사회를 위협하고 있는 것이 사실이지만, 고통받고 있는 북한 주민들의 비참한 현실에 더욱더 주목해야 해요.'

가난과 기근으로 시달리며 기본적인 인권조차 보장되지 않는 사회에서 살아가는 북한 주민들의 현실은 머나먼 이국땅에 있는 데일에게는 아마 끔찍한 모습으로 비쳤을 것이다. 주의 깊게 듣고 있는 데일의 얼굴 표정이 어두워지는 것이 보였다. 데일은 진심으로 가슴 아파하면서 안타까운 일이라며 묵묵히 비어있는 잔에 와인을 따라주었다.

데일과의 저녁식사를 마치고 다시 토니의 집으로 돌아왔다. 기경이가 씻는 사이 나는 토니와 짧게 이야기를 나눌 수 있었다. 먼저 우리를 이토록 환영해 준 것에 대해 진심으로 고맙다는 말을 전했다. 토니는 부담 갖지 않아도 된다고 하며 '너는 나의 친구이고 킴(기경이) 또한 너의 친구이기 때문에 나의 친구이기도 하다. 나는 너를 언제든지 환영할 것이다.' 라고 말했다. 친구라는 말을 듣자 괜스레 코끝이 찡해왔다.

국적이 다르고 쓰는 언어가 달랐지만 경계를 허물고, 진심이란 단어 아래 또 하나의 깊은 관계를 형성할 수 있음에 나는 감사했다. 잠자리에 누워 기경이와 함께 오늘 일어난 일에 대하여 이야기했다. 기경이 또한 세상엔 참 친절한 사람들이 많다며, 뉴질랜드로 자신을 오게 만들어 준 나에게 고맙다고 말했다. 그렇게 우리는 포근한 침대 위에서 만족스러운 미소를 띤 채 꿈나라로 향했다.

사람은 사람으로부터

토니의 거센 손이 나의 손을 꽉 쥐었다. 언제라도 도움이 필요하면 연락을 하라며 토니는 마지막으로 바닥의 한기를 막아줄 텐트용 매트를 우리에게 선물해주었다. 여태껏 북섬이 여행의 워밍업이었다면 진정한 여행의 꽃은 뉴질랜드의 남섬이라 할 수 있었다. 인간의 손을 거치지 않아 때 묻지 않은 자연환경 그리고 무한도전 촬영지이기도 했던 아름다운 도시 퀸즈타운, 몇 년 전 지진으로 인해 많은 피해를 입었지만 뉴질랜드 제3의 도시인 크라이스트처치 또한 남섬에 있었다. 기경이도 자신의 워킹홀리데이를 남섬에서 보내고 싶다는 의사를 밝혔기 때문에, 우리는 남은 여정을 모두 남섬에서 보내기로 결정했다.

남섬으로 가기 위해선 차를 페리에 실을 수 있는 북섬 최남단에 위치한 웰링턴으로 가야 했다. 헤이스팅스에서 웰링턴으로 하루 만에 가는 것이 힘들 것이라 판단하여 가는 길목에 있던 왕가누이에서 하루 밤을 보내기로 했다. 뉴질랜드 대부분의 지역에서는 적게는 10불 많게는 20불(한화로 약 8천원~1만 5천원)이면 나라에서 운영하는 캠프 사이트를 이용할 수 있었다. 왕가누이 또한 캠프 사이트 세네 곳이 있었고 우리는 그중 해변에 인접한 캠핑장을 가기로 했다.

이틀간 안락한 토니의 집에서 대접을 받으며 지내다가 다시금 남루한 여행자의 일상으로 돌아오니 적응이 잘 되지 않았다. 사르르 입안에서 녹던 양고기를 떠올리니 배 속에서 꼬르륵 소리가 요동쳤다. 기경이도 같은 생각인지 말없이 운전대를 잡고 정면을 응시하고 있었다. 그렇게 우리는 꿈만 같았던 헤이스팅스와 점점 멀어져 우리의 새로운 목적지를 향해 나아갔다.

왕가누이의 캠핑장은 깔끔하고 아늑했다. 주말이어서 그런지 가족단위 캠핑차량이 꽤나 많이 보였다. 캠핑장 안엔 공용 화장실과 샤워장 그리고 취사가 가능한 주방이 있었다. 배가 너무 고팠던 탓에 우리는 도착하자마자 곧바로 라면을 끓였다. 물을 끓이고 있는 사이 옆에서 아주머니 한 분이 반갑게 우리에게 인사했다. 으레 여행객들이 보통 하는 통상적인 인사였다.

"안녕 친구들, 어디서 왔니?"

"아, 안녕하세요. 저희 한국에서 왔어요. 아주머니는요?"

"난 본적은 영국인데, 벌써 뉴질랜드에 온 지 이십년이 넘었네."

"아 정말요? 영국보다 뉴질랜드가 살기 좋은 가봐요? 하하"

"그런가? 영국도 나쁘지 않은데 지금까지 눌러앉은 걸 보면 나는 이 나라가 더 좋은 것 같아. 난 딸애랑 같이 여행하고 있는 중인데 너희들도 여행 중이니?"

"네. 저희도 여행하고 있어요. 여기서 하루 묵고 내일 웰링턴에서 남섬으로 가는 페리를 타려고요."

아주머니는 야채를 썰고 계셨는데 피자를 만드는 중이라고 했다.

"지금 요리하고 있는 거니?"
"저희는 라면 먹으려고요. 가난한 여행자들에게 값싸고 배부른 라면이 최고죠. 하하"
"그거 가지고 배가 차겠니? 오븐에 피자 구워 놓을 건데 우리는 다 못 먹을 거 같으니 나중에 배고프면 와서 먹으렴. 알겠지?"
나도 모르게 입가에 미소가 번졌다. 다양한 야채로 토핑된 피자는 우리에게 영양식이 될 것이기 때문이었다.

하지만 우리는 피자의 존재는 까맣게 잊은 채 식사를 끝내고 곧바로 텐트에서 잠을 청했다. 다음날 아침 누군가 텐트를 밖에서 툭툭 쳤다. 어제 그 아주머니였다. 한 손에 어제 만든 피자를 담은 용기를 들고 있었다.

"먹으라고 남겨뒀는데 잊었나 보구나? 그래서 내가 가져왔어. 부담 갖지 말고 먹어. 여행하는데 많이 먹어야지!"
"아…. 감사합니다. 아주머니…."

얼떨결에 두 손으로 피자를 받아 들고 우리는 감사합니다를 반복했다. 아주머니는 맛있게 먹으라며 종종걸음으로 돌아가셨다. 기경이가 가지고 있는 브라우니라도 아주머니께 드리자고 제안했다. 데일이 헤어지면서 요기라도 하라고 챙겨준 것이었다. 기경이는 앞서가는 아주머니를 쫓아가 브라우니를 드렸다. 나는 멀리서 아주머니가 브라우니를 받고 활짝 웃으며 좋아하는 것을 지켜보았다.

이안을 비롯하여 토니와 데일, 왕가누이에서 만난 영국인 아주머니까지. 뉴질랜드에서 만난 모든 새로운 인연들은 마치 흐트러진 퍼즐 조각들이 제 자리를 찾아 맞춰지듯 우리의 여행을 더욱더 풍성하게 만들어주었다. 1만 킬로미터 떨어진 먼 이국 땅에서 온 우리를 친구로 그리고 가족으로 생각해주는 사람들은 그렇게 다소 개인적이고 옹졸했던 나의 마음을 포용하는 듯했고 나의 모자람을 반성하게 만들었다.

인자하게 나를 쳐다보는 사람들의 미소 속에서 함께 웃는 나를 발견할 때면 뉴질랜드에서 힘들었던 지난날의 부정적인 기억들이 말끔히 사라지는 듯했다. 사람에 의한 치유는 그만큼 굉장한 것이었고 강렬하게 나의 가슴을 울렸다. 나 또한 누군가 나의 도움이 필요로 할 때 기필코 손을 내밀리라 다짐하며 길 위에서 얻은 소중한 가르침을 또 한 번 가슴 속 깊이 새겼다.

산이 연주하는 음악을 들어본 적 있나요

마오리어로 아오라키(Aoraki), 구름 봉우리라는 뜻을 가진 마운트쿡은 오세아니아 대륙에서 가장 높은 해발 3,754m 높이의 산이다. 3일간 머물렀던 크라이스트처치에서 혹시나 마운트쿡에 우리가 걸을만한 트랙이 있는지 찾아보았다. 등반 객들이 남겨놓은 여러 후기와 DOC 웹사이트를 찾아보니 시도해볼 만한 트랙들이 보였다. 그중 눈에 띄는 트랙이 있었다. 바로 이틀간 일정의 뮬러 헛(Muller Hut) 트랙. DOC에서 규정한 등급에 따라 트랙들은 각각의 난이도가 있었는데, 뮬러 헛 트랙은 최상의 난이도, 경험이 많은 전문가들을 위한 트랙이었다. DOC에서 말하는 전문가는 유사시에 위험으로부터 자신의 몸을 보호하는 방법을 알며 생존 능력이 뛰어난 사람을 의미했다. 우리가 경험한 것이라고 해봐야 북섬에서 나루오헤를 등반한 것이 전부였지만, 같은 수준의 나루오헤를 등반한 경험은 우리에게 용기를 불어넣어주었다.

에메랄드 빛의 푸카케 호수를 따라 위로 올라가자 우리는 마침내 마운트 쿡 빌리지에 도착할 수 있었다. 3,000m가 넘는 고봉들로 둘러싸인 작고 아담한 마을의 모습은 중세시대 판타지 소설에 나올 법했고 뉴질랜드 고유의 향기를 그대로 간직하고 있었다. 마운트 쿡 지역은 뉴질랜드에서 히말라야를 처음으로 등반했다고 알려진 에드몬드 힐러리 경이 전문 산악가의 길로 들어서게끔 만들어준 장소로 유명하다. 때문에 마을 곳곳에서 힐러리 경을 기리는 여러 가지 글귀와 푯말을 찾아볼 수 있었다.

아침에 일어나니 다행히도 날씨가 좋았다. 푸른 하늘에 구름 한 점 없는 날씨였고, 전 날 구름에 가려 제대로 보지 못했던 마운트 쿡 정상이 드디어 모습을 드러내 보였다. 여태껏 산을 보며 '와 진짜 멋있다, 아름답다'라고 생각한 적은 많았지만 산이 참 '잘생겼구나'라는 생각이 든 건 이번이 처음이었다. 태어나서 처음 보는 3,000m가 넘는 고봉. 오직 티비 속에서만 존재할 줄 알았던 광경을 직접 보니 입에서 절로 탄성이 나왔다. 아침 햇살을 한가득 받으며 그 위용을 한껏 뽐내고 있는 정상의 모습은 그렇게 산을 오르기도 전에 우리를 압도하는 듯했다.

뮬러 헛에서 1박을 하기 위해선 마을 안에 있는 아이사이트(I-site)에 돈을 지불해야 했다. 우리는 눈길을 걸을 때 필요할 아이스 엑스를 렌트하고 곧바로 아이사이트로 향했다. 아이사이트 직원은 우리가 장비를 제대로 다룰 수 있는지, 충분한 경험이 있는지에 대한 것들을 물었다. 우리는 될 수 있는 대로 포장하여 경험이 많은 전문가라고 최대한 둘러대었다. 직원은 뭔가 꺼림칙한 표정을 지으며 혹시라도 모를 위험에 대비하여 우리의 신상 정보와 비상 연락망을 기록하라고 했다. 또한, 지금은 헛을 관리하는 레인저가 없다며 헛 안에 구비되어 있는 라디오 송수신을 통해 오후 6시쯤 우리의 안전 여부를 확인하겠다고 말했다.

이른 아침이었지만 관광객들을 비롯해 많은 사람들이 트랙을 걷고 있었다. 반갑게 아침인사를 건네며 우리는 계단이 주를 이루는 트랙의 초중반, 실리 탄(sealy tarns) 부근을 오르기 시작했고 2시간쯤 지나자 마침내 눈으로 뒤덮인 트랙의 중간 부근까지 이르렀다. 가지고 온 아이젠을 착용하고 숨을 돌리며 위를 올려다보았다. 이 지점부터는 트랙이 눈으로 뒤덮여서 인지 대부분의 사람들이 다시 되돌아가는 듯했다. 나는 눈길을 밟으며 걸어 내려오는 두 명의 여성에게 물었다.

"안녕하세요. 왜 하산하는 거죠?"

“아… 안녕하세요. 눈이 너무 깊게 쌓여있어서요. 저희 장비로는 올라가는 게 무리일 것 같네요. 어디까지 가나요?”

“저희는 뮬러 헛까지 가려고 하는데, 가능할까요?”

“음… 사람마다 다르긴 한데…. 하하 두 분이면 가능할 것 같은데요? 저희도 뮬러 헛까지 가려고 했는데, 도저히 안 될 것 같아서 내려가는 중이에요.”

“흠… 그렇군요. 감사합니다. 조심히 내려가세요!”

“네. 그쪽도 조심하세요!”

소복이 쌓인 눈 사이로 두 명의 여성이 걸어 내려온 약 1m 깊이의 기다란 통로가 보였다. 깊이가 저 정도라면 이전에 필히 많은 사람들이 이곳을 안전한 길이라 생각하고 걸었었음을 의미했다.

오른손으로 아이스 엑스를 눈에 내리꽂고 마찰력을 이용해 조금씩 좁게 난 눈길을 올라갔지만 깊이 쌓인 눈 때문에 미끌림이 심했다. 아까 만난 사람들이 도중에 하산한 이유가 충분히 짐작되는 상황이었다. 속도가 현저히 떨어지고 페이스 조절이 힘들었다. 하지만 예전 나루오헤 등반과는 달리 시야 확보가 잘 되는 맑은 날이었기 때문에 위안을 삼고 멀리 보이는 주황 색깔의 폴을 향해 조금씩 나아갔다. 미끄러지고 넘어지고를 반복하길 한 시간 여. 가파른 경사를 넘어가니 비교적 완만한 평지가 펼쳐져있었다. 헛으로 보이는 빨간색 건물이 눈으로 뒤덮인 넓은 공터에서 우리를 기다리고 있는 것이 보였다. 바로 우리의 목적지 뮬러 헛이었다.

이 날 뮬러 헛을 방문한 일행은 우리가 첫 번째였다. 문을 열고 안에 들어가니 의자 몇 개와 담요 취사를 위한 스토브 그리고 테이블이 비치되어있었다. 탁자 위엔 그간 다녀간 등반 객들의 목록이 적힌 방명록이 있었다. 세계 각지에서 온 사람들로 빽빽이 기록된 명부에 나 또한 우리의 이름을 한국어로 새겨 넣었다. 우리가 젖은 등산화와 양말을 벗어던지고 들고 온 맥주로 기쁨을 함께 나누고 있는 사이 4명으로 이루어진 미국인 일행이 두 번째로 뮬러 헛을 찾았다. 탄탄한 근육과 그을린 피부, 얼핏 봐도 전문가 냄새가 나는 일행이었다. 그렇게 우리를 포함한 총 두 팀이 그 날 뮬러 헛에 또 다른 흔적을 남기게 되었다.

밖에서 햇볕을 쬐며 헛 안에 뒹굴고 있던 기타를 들고 나와 영화 원스의 테마곡인 falling slowly를 불렀다. 나를 지켜보고 있던 미국인 일행 중 한 명이 'nature and music' 이라며 나에게 엄지를 들어 보였다. 마을에서 보다 한 층 가까워진 쿡 산의 정상을 바라보며 상념에 잠긴 그는 내가 다른 일행들 중 가장 눈여겨보았던 사람이었다. 이곳에 하루 더 묵고 싶다고 하는 그 친구의 말을 들으니 나마저도 똑같은 생각이 들었다.

해는 서쪽으로 기울고 이윽고 주위가 순식간에 어두워졌다. 산 아래 마을에서 개미처럼 작게 보이는 몇 개의 불빛들이 아른거리는 것이 보였다. 아침에 직원이 말한 대로 라디오에서 안전 여부를 확인하는 목소리가 들렸다. 우리보다 더 높은 곳에 위치한 헛부터 순차적으로 무전을 하는 듯했다. 다행히 모두 이상이 없는 듯했고 우리 또한 아무 이상 없다고 무전했다.

가져온 모든 옷을 껴입고 침낭 안에 몸을 웅크리고 있었지만 기온이 많이 낮은 탓인지 자는 도중 나도 모르게 눈이 떠졌다. 눈을 비비고 일어나 머리맡 창문 밖을 바라보았다. 수많은 별들이 밤하늘을 한가득 메우고 있었다. 시력이 그다지 좋지 않은 나였지만 형형색색 빛을 발하고 있는 별들을 보니 이것이 과연 꿈인지 현실인지 분간이 되질 않았다. 티끌 없이 맑은 밤하늘에 게다가 높은 고도에 있다 보니 별이 손을 뻗으면 닿을 거리에 있는 것처럼 눈앞에 아른아른거렸다.

동이 트지 않은 새벽녘, 밖에서 분주한 발소리가 들렸다. 다른 일행들이 일출을 보러 가는 듯했다. 몸이 바위처럼 무거웠지만 나는 곤히 자고 있는 기경이를 깨우지 않고 살며시 밖으로 나왔다. 밖을 나오니 어제 나에게 엄지를 들어 보인 그 미국인이 어깨에 카메라를 메고 능선을 올라가는 것이 보였다. 나도 질 새라 옷을 껴입고 그의 뒤를 따라갔다. 밤새 기온이 많이 떨어졌었는지 전 날 만들어 놓은 발자국이 딱딱하게 굳어 긴 행렬을 만들며 능선까지 이어져있었다. 미끄러지듯 얼어붙은 눈을 밟으며 능선으로 향했다. 바람이 많이 불고 손이 사시나무처럼 떨렸지만 실눈을 뜬 채 해가 올라오기를 기다렸다. 뾰족한 바위에 자리를 고쳐 잡고 10분여 기다리길, 해가 반대편 산 능선 사이로 고개를 살며시 내

미는 것이 보였다.

강렬한 빛을 내뿜으며 어둠에 휩싸여 있던 그늘진 정상의 한 부분을 붉게 물들이는 것을 시작으로 해는 이글이글 타올랐다. 투명한 물에 떨어진 빨간색 물감이 녹아 퍼져나가듯 시간이 갈수록 눈 덮인 산의 정상은 화염을 토해내듯 더욱더 강렬한 붉은빛을 내뿜었다. 동시에 산은 노래를 불렀다. 깊은 골짜기 어딘가에서 만년설이 부서지며 만들어내는 소리였다. 소리는 굉음을 내며 기상나팔을 불듯 아침이 밝아 옴을 알렸다.

저 멀리 앞서간 미국인 친구가 나에게 손을 흔들며 미소 지었다. 나 또한 그에게 손을 흔들었다. 동이 트며 어둠을 물리치는 그 찰나의 순간 나는 때묻지 않은 완벽한 자유를 느끼며 어쩌면 마지막이 될지도 모를 그 순간을 가슴에 그려 넣었다. 그렇게 자연이 만들어내는 완벽한 멜로디를 온 몸으로 느끼며 한 동안 나는 그 자리에 멍하니 서 있었다.

차와 차 사이의 간격

몇몇 대도시의 경우를 제외하고 뉴질랜드 도로는 대개 1차선이다. 앞차가 느리게 가면 뒤차들도 그 속도에 맞춰 달려갈 수밖에 없다. 평지일 땐 차들이 추월을 하기도 하지만 산길을 달릴 때면 열댓 차량이 마치 기차 모양으로 긴 행렬을 만들어낸다. 한국과 뉴질랜드의 도로사정은 삶의 속도를 어렴풋이 드러내 보였다. 누군가 끼어들까봐 뒤차를 바짝 추격하는 조급함. 1차선 도로임에도 불구하고 클락션이 좀처럼 들리지 않는 여유. 그 둘은 대비되며 나는 그 사이의 간격을 불현듯 느꼈다.

옆 좌석에서 기경이가 나에게 물었다. '오늘 무슨 요일이지?' 나는 기억을 더듬어 감으로 맞춰보았다. '목요일 아니가?' 휴대폰을 보니 화요일이었다. 날짜 감각이 전혀 없어진 것이었다. 사실 여행자의 입장에서 요일과 날짜는 그다지 신경쓸만한 요소는 아니었다. 특히 이런 장기간 여행 일정엔 더욱이.

날짜 감각이 없어지는 때는 두 가지 경우가 있다. 톱니바퀴처럼 일에 치여 정신없이 살 때. 그리고 우리와 같이 어떤 의무감에서 완전히 벗어났을 때이다. 사회에서 우리는 어떤 의무들에 종속되어 있다. 으레 회사

원들은 일요일 아침부터 월요일에 대한 압박을 스멀스멀 느끼기 시작한다. 남은 자유가 얼마 남지 않았기에 음주도 자제해야 한다. 그렇게 월요일을 맞이할 준비를 한다. '아 주말은 왜 이렇게 항상 빨리 지나가는 것일까'란 생각이 한 주도 빠짐없이 머릿속을 스친다. 소속감과 책임감. 사회와의 일종의 약속을 한 상황에서 우리의 몸은 자유롭지 않다.

그런 우리에게 여행은 책무들로부터 벗어나 잠시 머리를 식힐 여유를 선물해 준다. 누군가는 집에서 쉬지 왜 굳이 힘들게 사서 고생하며 여행을 하냐고 반문한다. 그렇다고 집에서도 우리는 완전히 자유롭지 않다. 밀린 빨래와 청소, 설거지 등을 하다 보면 굳이 해야 하지 않아도 될 것들을 찾아서 하게 마련이다. 여행은 우리를 이러한 책무와 우리 사이의 물리적인 간격을 늘려놓음으로써 자유로울 수 있는 명분을 우리에게 부여해준다.

그뿐인가. 여행의 목적이 무엇이 됐든 간에 우리는 그 목적과 별개로 전혀 다른 새로운 것들을 얻는다. 우연히 우리를 스치는 모든 것들. 그 과정 속에서 우리는 다시 원점으로 돌아왔을 때에 본래 얻고자 했던 것과는 다른 무언가를 찾게 된다. 이러한 연유로 사람들은 바쁜 일정을 쪼개서라도 스카이스캐너를 보며 여행을 꿈꾸는 것이 아닐까. 숨 가쁘게 조여 왔던 삶의 간격을 한 템포 쉬면서 조금은 늘려놓을 필요성을 느끼는 것이다.

굳이 여행이 아니더라도 LED 조명 아래 모니터 화면만을 바라보진 않으려 한다. 볕이 좋은 날 밖에 나와 태양의 움직임에 따라 시시각각 그 크기가 변화하는 그림자의 모양을 인지할 때 우리는 조금의 안식을 느낄 수 있지 않는가. 잠깐 눈을 감고 여행했던 그 순간을 회상하는 것만으로도 우리는 조금의 평화를 잠시 동안은 누릴 수 있지 않는가.

싸움의 원인은 빵 쪼가리가 아니다

여행을 하는 동안 친구와 그 어떤 불화 없이 잘 지냈다고 말한다면 그것은 순전히 거짓말이다. 하루해가 뜨고 지는 순간까지 함께 있다 보면 누구 한 명이 부처가 아닌 이상 자연스럽게 갈등이 생기기 마련이다.

우리는 어릴 때부터 친구이긴 했지만 서로에 대해 모르는 것이 너무나 많았다. 군대나 사회조직 같은 경우는 상하관계에 의해서 아랫사람이 어느 정도 불편함을 감수하는 것이 통상적인 일이지만 우리는 친구였고, 서로 동등한 위치에서 목소리를 냈기 때문에 의견을 조율하는 것이 쉽지 않았다. 여행을 시작하기 전 우리는 여행 중에 발생할 갈등에 대해서 미처 생각하지 못했다.

여행 초반에는 음식에 대해 그리 신경 쓰지 않았지만 시간이 지날수록 음식으로 인해 다투는 상황이 많이 발생했다. 나에 비해 많은 양을 먹는 기경이를 보고 나는 그가 소식하는 것에 적응하기까지 아직 시간이 걸리는가 보다 생각하고 지켜봤다. 하지만 어느 날 자고 일어나 보니 식사 대용으로 사 둔 빵이 없어진 것을 보고 나는 결국 참지 못해 기경이에게 말했다.

"야 니 인간적으로 너무 많이 먹는 거 아니가? 우리 이렇게 먹다 보면 여행 자금 금방 떨어진다."

기경이의 얼굴이 일그러졌다.

"아니 와… 고작 빵 쪼가리 가지고 너무한 거 아니가?"

솔직히 나도 그렇게 말하고 싶지 않았다. 고작 빵 몇 조각 가지고 그렇게 말하는 것은 나의 옹졸함을 더욱더 드러낼 뿐이었다. 하지만 나는 되도록 최소한의 경비로, '헝그리 정신'으로 무장한 채 여행하고 싶었다. 허기져도 참고 견디다 보면 더 많은 것을 얻을 수 있을 것이라 생각했기 때문이다. 그런 나의 의중을 기경이도 알아주길 바랐지만, 속 시원하게 속내를 털어놓을 수 없었다. 사소한 것을 가지고 친구를 다그치는 치졸한 나에게 화가 났고, 기분이 상한 기경이에게 미안해서였기 때문이었다. 고된 몇 번의 트레킹으로 지친 상태에서 축적된 피로는 감정을 더욱 예민하게 만들었다. 급기야 우리는 서로 대화를 하지 않는 지경에 이르렀다.

이와 비슷했던 경험이 떠올랐다. 한국에서 고등학교 친구와 무전여행을 갔을 때였다. 그때도 마찬가지로 나는 선봉에 서서 친구를 이끌었다. 불빛이라곤 없는 깜깜한 거제도 해변을 밤새도록 걸어 목적지에 도착하겠다고 마음먹었지만 그 계획을 포기해야만 했다. 뒤를 돌아보니 축 늘어진 채 피곤에 절은 친구의 모습이 보였다. 평소 이 친구라면 이 정도는 극복할 수 있으리라 생각했지만 시간이 지나 점점 말 수가 줄어들고 퀭한 눈으로 나에게 '그만 걷자'라고 무언의 메시지를 보내는 친구를 보았다. 결국 우리는 해안가에 위치한 어느 교회에 무단으로 들어가 잠을 청할 수밖에 없었다. 이번 여행도 비슷한 맥락이었다. 지쳐있는 상황에서 약한 모습을 보이는 기경이에게서 나는 일종의 실망감을 느꼈다. 나는 기경이가 조금만 더 나의 기준에서 불편을 감내하고 여행하기를 바랐다.

하지만 간과하고 있던 사실이 한 가지 있었다. 나는 기경이의 몸 상태에 대해 그리 걱정하지 않았었던 것이다. 여행하기 전까지만 해도 기경이는 일상생활을 하는 데에 그리 무리 없이 지내는 것처럼 보였다. 그래서 앓고 있는 병이 여행에 그리 큰 지장을 줄 것이라 생각하지 않았었다. 기본적인 대화를 제외하고 서로 말을 않고 여행하기를 이틀. 그러던 중 불현듯 그가 꺼낸 자신의 몸 상태에 관한 이야기는 나를 혼란스럽게 만들었다.

기경이는 미리 말하지 않아서 미안하다고 말했다. 자신도 문제가 되지 않을 것이라 생각했지만 불규칙적인 식사와 불편한 잠자리는 몸에 무리가 오는 것을 막지 못하는 것 같다고 했다. 그는 호르몬 균형을 위해 약을 복용하고 있었다. 공복에 약을 먹으니 몸을 가누는 것이 힘들었고, 최대한 맞춰보려고도 했지만 우리가 다투는 이유가 자기 때문인 것 같아서 말을 하는 것이 나을 것이라 생각했다고 말했다. 나는 할 말을 잃었다. 늦은 밤 약봉지를 찾으려고 라이트를 켜고 가방을 뒤적거리던 친구의 모습을 보고 그러려니 했었지만 상태는 훨씬 더 심각한 것이었다. 그는 언제 올지 모르는 공황에 대비하여 스스로 투병하는 동시에 고단한 여행을 감행하고 있었던 것이었다.

자기의 영역에 다른 존재가 침범하는 것을 자유롭게 받아들이는 사람이 있을까. 자존심이 센 사람일수록 자신의 치부를 드러내길 꺼린다. 기경이와 나, 둘 모두 각자 자신이 고집하는 영역이 있었고, 그 팽팽한 영역 싸움은 균형을 잃고 한쪽으로 치우칠 때마다 언쟁으로 이어졌다. 언쟁에서 생긴 상처를 치유하기 위해선 누군가 한 발 물러서고 손을 내밀어야 했다. 그리고 그것은 나의 영역을 기꺼이 내어주는 것. 고집하던 나의 생각을, 욕심을 죽임에서 비로소 상처 치유가 시작되는 것이었다. 기경이는 먼저 꺼내기 싫은 자신에 관한 이야기를 남은 여행을 위해 꺼냈고 그것은 잠깐 동안 떨어져 걷고 있던 두 개의 발이 다시금 합쳐져 네 개의 발이 되도록 만들었다.

사람은 본래 육체적으로 고통스러울 때 본연의 모습이 나오는 것이라고, 그것을 이겨내는 사람이 강한 사람이라고 생각했다. 그리고 이번 여행에서도 이를 적용했다. 지난번 무전여행 때처럼 친구를 나를 위한 모험으로 끌어들였고, 그 와중에 비친 친구의 약함은 그것에 대비된 나의 강함을 부각한다고 생각했다. 하지만 진정으로 강한 사람은 자신뿐만 아니라 주변 사람을 챙기고 함께 나아갈 수 있는 에너지를 만드는 사람. 때

로는 그것을 위해 자신의 치부를 드러낼 줄도 아는 사람이었다. 앞만 보고 자신만을 위해 달리던, 그리고 친구가 버거워 때로는 혼자이길 원했던 나에게 기경이는 '함께'라는 단어를 다시금 생각하게 만들어주었다.

그렇다. 우리의 여행은 서로 떨어져 걸을 때보다 함께 걸을 때 더욱더 빛났다. 다툼은 여행 중 발생하는 골칫거리가 아니었다. 다툼은 그것을 우리의 우정을 더욱더 단단하게 만드는 또 다른 소중한 요소임을. 나는 나와는 다른 진정한 강한 인격으로부터 깨달을 수 있었다.

만약 다시 이곳에 온다면

바삐 움직이는 일상에서 탈피하여 여행을 하고 있었지만, 여행은 그런 우리에게 또 다른 일상이 되었다. 그에 따라 미숙했던 우리의 여행 또한 몰라보게 성장했다. 처음엔 한 시간이 걸렸던 텐트 설치는 어느새 20분 채 걸리지 않게 되었고 그에 비례하여 텐트를 칠만한 자리를 알아보는 기경이의 안목 또한 갈수록 발전했다. 발목에 달라붙어 우리의 피를 쪽쪽 빠는 샌드플라이(흡혈파리)를 볼 때면 짜증이 나서 화내곤 했던 예전과 달리, 상처로 가득한 다리를 그들에게 일용할 양식으로 기꺼이 제공해주며 가만히 내버려 두는 것도 일상이 되었다. 여행의 짐은 갈수록 가벼워졌고 우리는 자연스럽게 효율적인 여행을 위한 기술을 답습해 나갔다.

우리의 여행은 끝을 향해 달려가고 있었다. 어느새 어깨까지 닿은 나의 머리카락과 덥수룩하게 난 기경이의 수염은 이를 증명하는 듯했다. 퀸즈타운에 다다른 지금까지의 총 주행거리는 7,000km. 서울에서 부산이 500km라면 적어도 경부 고속도로를 6번은 왕복했다는 의미였다. 가늠이 안 되는 거리를 계산해보며 적은 예산을 가지고 오클랜드에서 산을 넘고 물길을 건너 이곳까지 무사하게 내려온 우리가 한편으론 신기했다.

마운트쿡 등반 후, 우리는 휴식이 절실히 필요했다. 퀸즈타운은 그런 우리에게 맘 편히 며칠간 머물 수 있도록 최적의 환경을 제공하고 있었다. 산이 마을 전체를 감싸고 만년설이 녹으며 만들어진 호수를 끼고 있는 고즈넉한 퀸즈타운의 모습은 여왕의 마을이란 말이 무색할 정도로 아름다웠다. 사람들로 가득한 거리와 가게들은 분위기를 한층 더 활기차게 만들어 보이는 듯했다.

예약해 둔 호스텔에서 하루 밤을 자고 아침 일찍 홀로 거리를 나섰다. 마운트 쿡 등반 이후 아직 몸이 회복되지 않았는지 종아리에서 통증이 느껴졌지만, 나는 다시 거리를 나섰다. 퀸즈타운의 아침거리는 초저녁 때만큼 붐비지 않았다. 저 멀리서 음악이 들려와 그곳으로 향했다. 가게에서 흘러나오는 음악인 줄 알았는데 알고 보니 거리 한가운데에서 한 버스커가 피아노를 치고 있었다. 은은하게 울려 퍼지는 음악을 뒤로한 채 그저 정처 없이 걸었다. 퀸즈타운의 정경을 한눈에 담고 싶다는 생각을 하던 찰나, 저 멀리 곤돌라가 산 위로 올라가는 것이 보였다.

홀로 산을 올라가며 나는 친구를 데려오지 않았다는 것에 대한 일종의 죄책감을 느꼈다. 우리는 서로에게 배낭 같은 존재였다. 때로는 필요한 것을 공급해주고, 때로는 무거운 짐이 되기도 했다. 항상 등에 달라붙어 함께 했던 배낭 같은 존재. 하지만 혼자가 된 지금. 나는 아무것도 눈치 볼 것이 없었고, 뒤를 돌아보며 따라오는 친구를 걱정할 필요도 없었다. 오로지 나 자신에 집중할 수 있었고 그 여유는 또 다른 사색으로 채워졌다.

천천히 걸음을 떼며 이곳이 마지막 종착역이라면, 이즈음이면 만족할 수 있겠냐고, 여행을 통해 원하는 것을 얻었냐고 스스로에게 자문했다. 아직 끝은 아니었지만 나는 스스로 만족한다고 말하고 있었다. 앞으로 내가 가야 할 방향과 길에 대해 긍정적으로 생각할 수 있었고 다시금 용기를 얻었다. 가고자 한다면 분명 하늘이 도울 것이라 그렇게 나는 생각했다.

한 시간 가량 올라갔을까. 눈앞에 퀸즈타운의 조감도가 펼쳐졌다. 그 순간 퀸즈타운에 가면 꼭 사진을 보내라고 하셨던 어머니가 생각이 나서 영상통화를 연결했다. 어머니는 다큐멘터리에서 보던 모습이랑 똑같다며 휴대폰 화면을 통해 보이는 퀸즈타운의 모습을 보고 연신 감탄사를 내뱉으셨다. 좋아하시는 어머니의 모습을 보니 덩달아 기분이 좋아졌다.

영상 통화를 끊고 벤치에 앉아 사람들을 구경했다. 즐겁게 무리를 지어 걸어가는 사람들의 모습. 행여나 눈이라도 마주칠 때면 눈웃음으로 화답하는 사람들. 문득 어떤 책에서 본 현자의 글귀가 떠올랐다. '더럽고 추한 것에서도 아름다움을 찾을 수 있는 사람이 되어라'. 왜 이 글귀가 떠올랐는지 모르겠지만 아름다움 속에서 또 다른 아름다움을 찾는 일이 나에겐 더 쉬운 일이라고 생각했다. 그리고 어쩌면 나는 현자가 되기엔 거리가 먼 사람이라고 생각했다.

만약 이곳에 다시 온다면 한 가정의 가장이 되어 내가 사랑하는 사람들과 함께하고 싶다. 나의 사람들을 고생시키지 않고 편안한 마음으로 아름다운 세상을 보여주고 싶다. 그리고 동시에 이 날을 추억하는 상념에 잠기고 싶다. 내가 사랑하는 사람들과 함께 아름다운 이 작은 도시를 거닐면서. 그들과 나의 눈에 그 아름다움을 함께 담으면서.

그레이트 워크(Great Walks)

"유현이 나는 이제 여행 그만하고 일자리 구하는 게 맞는 것 같다."

"뭐라고? 케플러 안 갈꺼가?"

"어… 구인 광고 올라와 있는 거 보고 혹시나 해서 이력서 넣었는데 면접 보러 오라고 하는데…."

"여행 끝나고 일 구하면 안 되나? 너무 성급하게 결정한 거 아니가?"

"모르겠다. 웬만한 건 이제 거의 다 본 것 같고… 나는 이쯤에서 그만하는 게 좋을 것 같다. 미안하다…."

"…."

퀸즈타운에서 한가로이 휴식을 즐기며 우리는 마지막 여행을 준비하고 있었고 여행지로 10개의 그레이트 워크(great walks) 중 테 아나우에 있는 케플러 트랙 트레킹을 계획하고 있었다. 갑작스러운 친구의 결정은 나를 잠시 혼란스럽게 만들었지만, 기경이의 몸 상태를 고려해 나는 그만의 이유가 있을 것이라 생각하여 그를 설득하지 않았다. 전날 밤 나는 허겁지겁 배낭을 꾸렸고 퀸즈타운에서 테 아나우로 가는 버스표를 예매했다. 예전에는 짐을 분담하여 이동했는데 필요한 모든 짐을 가방에 넣으니 무게가 훨씬 더 무거워졌다. 이른 새벽 버스 정류장까지 바래다주는 기경이의 표정이 그리 밝지만은 않았다.

새벽 버스를 타고 졸린 눈으로 흐리멍덩하게 창밖을 응시했다. 항상 내 옆자리를 채워주었던 기경이가 없으니 뭔가 허전한 마음이 들었다. 홀로 산행을 가야 한다는 생각에 순간 불안에 사로 잡혔지만 기경이의 몫까지 마지막 여행의 마침표를 찍고 와야겠다는 강한 목표는 나를 또 한 번 움직이게 하는 강한 동기가 되었다.

내가 그레이트 워크를 알게 된 것은 뉴질랜드에 처음 와서 해밀턴 호스텔에 머물렀을 때였다. 같은 방에 있었던 체코인 친구가 기회가 되면 꼭 해보라고 권하기도 했던 그레이트 워크는 1992년부터 DOC(자연보호부)에서 멋진 경관과 문화적 중요도, 접근성 등을 고려해 선정 한 10개의 하이킹 코스였다. 트랙들 가운데 5개가 남섬에 있었고, 그중 2개가 퀸즈타운과 가까운 곳에 있었다. 루트번 트랙과 내가 가고자 하는 케플러 트랙이었다. 루트번 트랙은 퀸즈타운에서 배편을 이용해 시작점까지 갈 수 있었지만, 최근에 사망사고가 발생했던 곳이라 트랙 중 일부가 차단되어있었다. 그리하여 나는 비교적 안전해 보이는 케플러 트랙을 선택했다. 총 3박 4일간의 일정. 날씨만 양호하다면 시도해 볼만한 모험이었다.

버스를 타고 3시간을 달린 끝에 케플러 트랙으로 들어갈 수 있는 관문인 테 아나우에 도착했다. 버스 짐칸에서 배낭을 꺼내고 있는데, 남성 한 명이 버스 기사에게 케플러 트랙 안내 책자를 들고 무언가 물어보는 것이 보였다. 나는 그 또한 같은 트랙으로 가나보다 생각했고, 반가운 마음에 말을 걸었다.

"안녕. 나는 팍이야. 혹시 너 케플러 트랙 가는 거니?"
"응. 어떻게 알았어?"
"아. 네 손에 안내책자 보고 알았어. 하하. 나도 케플러 트랙 갈려고 하는데."
"오! 그래? 그럼 우리 같이 가면 되겠다. 너 혼자 온 거지?"
"응. 나도 혼자 왔어. 난 근처 숙소에서 하루 밤 자고 시작할 생각인데. 넌 어떻게 할 거야?"
"아! 나는 오늘 바로 출발하려고 했는데, 그럼 나도 너랑 같이 있다가 내일 가는 게 낫겠다. 만나서 반가워 나는 닉이야."
그가 활짝 웃으며 나에게 악수를 청했다.

홀로 여행을 마무리 지으려는 내가 불쌍했는지 하늘이 나에게 구원의 손길을 내민 것일까. 우연의 일치로 혼자가 된 지 불과 4시간이 채 되지 않아 동행을 찾게 된 것이었다. 열정이 가득한 닉은 스코틀랜드에서 온 나와 같은 워홀러였다. 닉은 퀸즈타운 데일리 팜에서 일을 하다가 일주일 전 일을 그만두고 지금은 여행 중이라고 말했다. 나로선 동행이 있는 것이 나쁘지 않았다. 혼자 며칠간 산행을 하는 것은 심심할뿐더러 위급한 상황이 닥쳤을 때 안전상 서로에게도 여러모로 도움이 많이 될 것이기 때문이었다.

트랙 첫째 날

케플러 트랙에는 총 3개의 헛이 있었다. 나는 각 헛에서 하루 밤씩 자는 4일간의 일정을 계획하고 있었지만 닉은 3일간의 일정을 계획하고 있었다. 보통 헛과 헛 사이의 거리는 20km 정도 되기 때문에 4일 일정을 3일로 줄이려면 하루는 적어도 40km 이상을 걸어야 했다. 길어봐야 군대에서 행군으로 30km 정도 걸어보았던 나로선 40km는 무리이지 않을까 생각했다. 우리는 그때 상황을 봐서 결정을 하자고 합의를 보고, 헛 이용권을 살 수 있는 테 아나우 아이사이트(I-site)로 향했다.

아이사이트 직원은 다음 며칠간 기상 상황과 주의해야 할 것들을 말해 주었다. 트랙 전역이 육식 동물로부터 희귀한 새들을 보호하기 위해 정부에서 설치한 덫과 각종 약물로 퍼져있기 때문에 계곡물을 절대로 식수로 이용하면 안 된다고 안내원은 당부했다. 그리고 지금은 비수기라 크고 작은 사고가 많이 일어난다며 무리한 산행은 되도록 피하라고 권고했다. 진지하게 안내원의 말을 들으며 초조해했던 나와는 달리 닉은 으레 여행객들을 겁주기 위한 직원들의 수작이라며 나를 안심시켰다.

케플러 트랙은 원형으로 이루어져 있다. 시작 지점과 도착 지점이 같은 장소이기 때문에 길이 두 갈래로 나뉘어있었다. 아마 다른 방향으로 간다고 하더라도 마지막엔 우리가 들어온 곳으로 나올 터였다. 우리는 계획했던 대로 먼저 룩스모어 헛을 갈 수 있는 루트를 택했다. 닉은 케플러 트랙이 9개의 그레이트 워크 중 가장 최근에 만들어진 것이라 했다. 그래서 그런지 트랙 곳곳엔 여행객들이 길을 잃어버리지 않고 잘 찾아갈 수 있도록 설치해 놓은 이정표가 많았다.

우거진 숲은 뉴질랜드의 여느 트랙과 다를 바 없이 습한 기운을 내뿜으며 신비로움을 자아냈다. 높이가 가늠이 안 되는 거대한 고목들과 그에 가려 햇빛을 받지 못해 짜리몽땅한 나무들까지 여기저기 이끼로 덮인 풍경이 자아내는 초록빛깔 향연은 마치 거대한 하나의 생명이 살아 숨 쉬는 듯했다.

우리는 예상보다 일찍 룩스모어 헛에 도착했다. 헛 입구 앞에는 먼저 온 사람들의 등산화가 가지런히 놓여있었고, 문을 열고 들어가자 'welcome to Ruxmore hut'을 외치며 사람들이 우리를 반갑게 맞았다. 헛 안은 사람들로 가득했고 내부 공기 또한 따뜻하게 느껴졌다. 계중에는 반대편부터 시작해서 오늘로 3일차인 사람들도 있었고, 우리와 마찬가지로 오늘이 첫째 날인 사람들도 있었다.

찬찬히 안을 둘러보다가 헛 입구에 걸려있는 게시판에 '여행객들의 죽음'이란 신문기사가 눈에 들어왔다. 지난겨울, 불과 몇 개월 전 캐나다인 두 명이 이곳에서 avalanche 경고를 무시하고 트레킹을 시도하다가 죽음을 자초했다는 내용의 기사였다. 지금은 눈이 많이 녹아 어느 정도 트레킹을 하는 데에 별 무리가 없어 보였지만, 만약 올라오면서 보았던 경사진 능선이 눈으로 뒤덮여 있고, 자칫 잘못하여 발을 헛디딘다면 위급한 상황으로 이어질 수도 있겠다는 생각이 들었다. 여행객들에게 경각심을 일깨우기 위해 헛 안에 누군가 게시해 놓은 신문기사는 제 목적을 달성한 듯 보였다. 나는 끝나는 순간까지 긴장의 끈을 놓지 않으리라 다시 한번 속으로 되뇌었다.

밖을 나와 보니 어느새 먹구름이 끼고 눈발이 휘날리고 있었다. 산 밑의 기온은 영상 10도를 웃돌았지만, 고도가 높아져서 그런지 체감상 기온이 영하로 떨어진 것 같았다. 헛에 돌아와 우리는 서둘러서 저녁식사를 준비했다. 닉이 가져온 것은 쿠스쿠스와 참치 캔, 피넛 버터 등 다양했

Trampers killed in avalanche ignored warnin

ODT 4/3/16

Canadian men swept away
avalanche on the Kepler
last winter paid the
imate price" for ignoring
nings about weather and
conditions, a coroner has
d.
inquiry released yesterday
luded the pair disregarded
eral clear warnings from
ple they met before setting
on the tramp in Fiordland
onal Park.
ebec students Louis-
ent Lessard and Etienne
ieux (both 23) were found to
died of suffocation after
g engulfed by an avalanche

on July 9 while walking between Hanging Valley Shelter and Luxmore Hut.

Coroner David Crerar said the pair were "dismissive of the direct verbal warnings" they were given by three people on separate occasions.

They also ignored warning signs at the track entrance and on billboards at the Department of Conservation (Doc) visitor centre in Te Anau, and did not accept weather and avalanche forecasts provided for them.

They were "evasive" in their interactions with those they met, deliberately concealing their intentions, and did not make entries in any of the huts they passed through.

Giving evidence, Te Anau service station operator Diane Holmes said she met the pair after they arrived in the township on July 7. When told they intended to walk the Kepler, she advised them not to attempt the walk because of forecast bad weather.

They responded the weather in Canada could be much worse, and they were used to it.

The same day, when they told Manapouri resident Shirley Mouat they intended to walk the track, she replied: "Oh my God, don't do that. It's too dangerous."

Ms Mouat, a former guide on the track, told them there was too much snow and she would not even consider traversing its alpine sections.

Karin Dougherty-Van Amerongen, a Doc ranger at the visitor centre, said she told the men the Kepler could not be tramped at that time of year because of snow.

She showed them maps detailing avalanche paths on the track, and suggested alternative tramps.

Mr Crerar cited a Mountain Safety Council report which concluded the pair died because of their lack of New Zealand tramping experience, poor decision-making before and during the trip, including their failure to identify avalanche-prone slopes, and their failure to change their plans after receiving repeated warnings.

The report noted they did not have avalanche tranceivers, shovels or probes — all considered essential for alpine travel in New Zealand — nor did they have ice axes, crampons or a personal locator beacon.

Te Anau Doc ranger Grant Tremain told the hearing the track remained open during the off-season so people with appropriate equipment and experience could continue to use it.

Mr Crerar said the men "ignored the warnings given to them and have paid the ultimate price for their ignoring such warnings".

He recommended Doc follow the recommendatio
report suggesting
practices at its Te A
centre, particularly
to provide up-to-dat
tion about avalanche

He endorsed a re
tion the department
installing security
record conversatio
staff and the publ

다. 닉은 오늘은 자신이 가져온 음식으로 식사를 하고 내가 가져온 백 컨트리 용 건조식품은 다음 날 먹자고 제안했다.

식사를 마친 우리는 의자에 축 늘어져 내일 일정에 관해 이야기했다. 헛 안에 있던 다른 일행들도 4일 일정을 3일로 줄여서 트레킹할 것이라 말했다. 우리의 이야기를 듣고 있던 먼저 트레킹을 시작한 일행 중 한 사람이 거리가 좀 멀긴 하지만, 능선을 따라 산을 내려가기만 하면 그다음부터는 걷는 것이 그리 어렵지 않을 것이라 우리에게 말해주었다. 아무래도 내일이 이번 일정 중 가장 고된 날이 되지 않을까 생각했다. 종아리와 발목 부근에 통증이 있었지만 퀸즈타운에서 긴 휴식을 취해서 그런지 몸 상태는 그리 나쁘지 않았다. 아니면 긴장을 하고 있는 탓에 통증이 느껴지지 않는 것일지도 몰랐다.

석양빛이 강렬하게 헛 내부 안으로 쏟아졌다. 식사를 끝낸 사람들의 표정에 노곤함이 묻어났다. 모두가 그런 피곤함마저 즐기고 있는 듯했다. 그리고 어느새 여행자들 무리에 자연스럽게 녹아들어 노닥거리고 있는 나를 발견할 수 있었다.

트랙 둘째 날

새벽 5시 30분. 누군가의 알람이 적막을 뚫고 헛 안에 울려 퍼졌다. 부스스 눈을 떠보니 일찍 일어나 출발 준비를 하고 있는 다른 일행들이 보였다. 나는 침낭에 웅크린 채 잠을 자고 있는 닉을 깨웠다.

"굿모닝 닉. 우리 지금 가야 될 것 같은데?"
"음… 알았어. 잠시만."

닉은 이른 아침에 일어나는 것이 힘겨워보였다. 카페인을 가득 담은 따뜻한 커피 한 잔이 간절했지만 나는 대신 찬 물로 정신을 차리고 밖을 나섰다. 밤 새 눈이 많이 내렸는지 주위의 풍경이 많이 달라져 있었다. 어느새 닉이 나와 기지개를 켜며 좋은 아침이라고 손짓했다.

알파인 패럿이라 일컫는 키아 새 한 쌍이 날아와 난간에 자리를 고쳐 잡고 앉았다. 배가 고픈지 헛 주위를 얼쩡거리며 눈밭에 단풍 모양의 발자국을 열심히 찍어대고 있었다. 아침 식사 준비가 한창인 헛 안에서 나는 냄새를 맡고 온 듯했다. 들고 나온 견과류 몇 개를 집어던져주자 한 마리가 종종걸음으로 달려와 잽싸게 낚아채고 다시 하늘 위로 날아올랐다.

케플러 트랙은 뉴질랜드에서 가장 큰 국립공원인 피오르드랜드(fiordland)에 있다. 빙하가 녹은 골짜기 사이로 물이 흐르고 있는 지형을 사운드라고 하는데 케플러에서도 그 지형을 볼 수가 있었다.

둘째 날 코스는 능선을 따라 피오르드랜드의 대자연을 볼 수 있었고 다

음 헛인 아이리스 헛까지 이어져 있었다. 능선을 걷는 동안 나는 뉴질랜드 자연의 장엄함에 또 한 번 매료되었고 천상계를 걷는 느낌을 맛볼 수 있었다. 뭉게뭉게 솜털처럼 얽혀있는 구름들 사이로 보이는 광활한 산맥들, 그리고 산과 산 사이의 계곡은 어지러운 미로를 연상시키며 또 다른 즐거움을 선사해주었다.

함께 길을 걷다 보니 처음엔 알아듣기 쉽지 않았던 닉의 스코틀랜드 억양이 어느 정도 익숙해졌다. 우리는 며칠간 함께 지내며 자연스럽게 많은 이야기를 나눌 수 있었다. 뉴질랜드보다는 그 규모가 작지만, 마찬가지로 때 묻지 않은 스코틀랜드의 자연환경에서 유년시절을 보냈던 닉은 자연스럽게 트레킹이나 캠핑 같은 아웃도어 활동을 좋아하게 되었다고 말했다. 그동안 오클랜드에 가본 적이 없냐고 묻자, 닉은 되도록 자신의 고향과 비슷한 환경에 있고 싶어서 대도시를 피해 대부분의 시간을 와나카나 퀸즈타운 같은 소규모 도시에서 머물렀다고 말했다.

그는 여행을 하다가 수중에 돈이 떨어져 고향에서 가져온 스노보드를 팔아 다시 여행할 정도로 여행광이었고, 기회가 된다면 여행 가이드를 해보고 싶다고 말하기도 했다. 얘기를 나누며 걷다 보니 어느새 전체 코스의 중간 지점인 아이리스 헛에 도착하게 되었다. 이대로 곧장 다음 헛으로 갈 것인지 이곳에서 잘 것인지 닉과 상의했다. 이미 20km를 걸었지만 생각보다 몸이 많이 힘들지 않았으므로 나는 남은 20km도 걸을 수 있을 것이라 생각했다. 하지만 나와 달리 닉의 상태가 그리 좋아 보이지 않았다. 닉은 먼저 나보고 어떻게 할 생각이냐고 물어보았다.

"너는 곧바로 갈 수 있겠어?"
"응 나는 갈 수 있을 것 같은데. 아직 몸이 그렇게 피곤하진 않아."
"아… 나는 좀 힘들 것 같아. 앞으로 여기서 일곱 시간은 더 걸어야 될 텐데…."
"그래도 지금 출발하면 해가 지기 전에는 도착할 것 같은데? 너 많이 안 좋아?"
"아니. 음…."
닉은 잠깐 골똘히 생각하다 나를 올려다보며 말했다.
"괜찮을 것 같아. 네가 간다고 하면 나도 갈게."

"괜찮은 것 맞아? 안 그러면 여기서 쉬고 가자 괜히 무리하지 말고."

"아니야, 할 수 있을 것 같아."

몸 어딘가가 불편한 것 같았지만 닉은 굳이 다시 출발하기를 원했다. 우리는 간단히 요기를 하고 다시 출발했다. 능선을 타고 내려오자 다시 초록 빛깔의 숲이 눈앞에 펼쳐졌고 동시에 기압으로 인해 막혀있던 귀가 뚫렸다.

하염없이 걷는 동안 많은 생각들이 뇌리를 스쳐 지나갔다. 왜 몇 십일 동안 성지순례를 하는 사람들이 걸으면서 자신의 인생을 돌아보고 반성하는지 짧게나마 그 비슷한 경험을 할 수 있었다. 이 여행이 끝난 후 나는 어떻게 될까, 나의 삶은 또다시 어떻게 변할까. 수중에 있는 쥐꼬리만한 돈과 여행이 끝나면 다시금 일상으로 돌아갈 생각을 하니 그리 유쾌하지 않았지만, 불쾌감을 느끼기도 전에 어딘가에서 지저귀는 새소리는 나를 다시 걷는 것에 집중하도록 만들었다. 속으로 일부터 십까지 세기를 수 천 번. 해가 지기 시작하면서부터 어둠의 그림자가 빠르게 숲을 가득 드리웠다. 뒤 따라오는 닉의 걷는 속도 또한 현저히 느려지면서 마음이 조급해지기 시작할 때 저 멀리 숙소로 보이는 집 한 채가 보였다. 바로 우리의 마지막 숙소 모투라우 헛이였다.

헛에 도착해서 본 닉의 발은 온통 물집 투성이었다. 잠깐 들린 아이리스 헛에서부터 닉은 물집으로 인해 고생하고 있었던 것이다. 나는 미안

한 마음이 들어 내가 마시려고 들고 온 맥주를 꺼내 닉에게 내밀었다. 닉은 활짝 웃으며 맥주를 받아 들고 나에게 말했다.

"고마워 팍."

그리고 나 또한 그에게 말했다.

"고마워 닉."

트랙 셋째 날

밤새 코를 심하게 골았는지 목이 따끔따끔했다. 물집으로 난 상처가 아직 아물지 않은 듯 닉은 양말을 갈아 신으며 얼굴을 찡그렸지만 나에겐 내색하지 않았다. 어제 많이 걸어둔 탓에 우리는 한결 가벼운 마음으로 트레킹에 임했다. 우거진 부시 사이를 걸으며 트랙이 얼마 남지 않았을 즈음 새들이 목청껏 지저귀며 우리에게 작별인사를 하는 듯한 느낌을 받았다. 자연이 만들어내는 신선한 울림은 피로에 젖은 다리에 또 다른 힘을 주었고 그렇게 우리는 성큼성큼 나아갔다. 좁았던 길이 넓어지고 좁았던 개울이 점차 강으로 변해가는 것을 보며 종점이 얼마 남지 않았음을 인지했다. 그리고 마침내 처음 시작점에서 봤던 똑같은 이정표를 마주하며 우리는 바닥에 털썩 주저앉았다.

트랙을 걷는 내내 긴장의 끈을 놓을 수가 없었다. 한 손엔 언제나 카메라가 있었고, 눈은 카메라 앵글과 좁은 땅을 동시에 살펴야 했기에 체력 소모가 더 컸다. 하지만 이것이 한 편의 영상으로 남아 희미한 기억을 더 선명하게 만들어줄 것을 생각하며 나 자신을 다독이며 트랙을 걸었다. 트랙을 끝낸 후 닉은 도저히 마을까지 걸을 상태가 되지 못했기 때문에 같이 트랙에 있던 사람 차를 얻어 타 퀸즈타운으로 가기로 결정했다. 닉이 같이 차로 퀸즈타운에 갈 것을 권했지만 두 발로 걸어서 시작한 여행을 다시 두 발로 끝내고 싶었기 때문에 나는 걸어서 테 아나우로 가겠다고 말했다. 우리는 뜨겁게 포옹을 한번 하고 악수를 나누었다. 퀸즈타운에 오게 되면 꼭 연락하라 하는 닉의 말을 끝으로 우리는 헤어졌다.

혼자가 된 나는 다시 걸음을 재촉했다. 저 멀리 4일 전 머물렀던 테 아나우의 시내가 보였다. 하루 밤 밖에 머물지 않았었지만, 몸은 익숙한 곳을 기억했고 그때 비로소 나는 여행을 잘 마무리했음을 깨달았다.

호스텔로 돌아와 지친 몸을 뜨거운 물에 녹였다. 거울을 보니 모기가 피를 빨아먹어 한껏 부풀어 있는 이마와 배낭끈으로 짓눌린 어깨에 빨간 띠가 그려져 있는 것이 보였다. 과연 씻는 행위가 얼마나 행복한 일인지 군대에서 하루 일과를 끝내고 샤워를 할 때의 그 기분을 불현듯 느꼈다.

기경이와 떨어져 홀로 나선 여행이었지만 나는 많은 것을 얻을 수 있었다. 끝없이 이어진 길을 걷는 동안 생각이란 무한한 공간 안에서 나의 우뇌는 또 하나의 감정을 만들어냈다. 희열, 행복과 대비되어 절망과 우수를 느끼고, 슬픔을 이겨내기 위하여 또다시 긍정하리라 다짐하며 무수한 감정들이 내 안에서 싸우며 밀어내는 것을 느꼈다.

세계 각지에서 온 사람들과 함께 나눈 다양한 이야기들. 그 다양성에 나의 색깔을 보태며 한 층 더 백패커의 세계를 다채롭게 즐길 수 있었다. 같은 트랙을 걸었던 몇몇 이들이 인사를 건네며, 같이 저녁을 하는 것이 어떻겠냐 제안했다. 그리고 그날, 나는 뉴질랜드에 온 이래로 가장 많은 술을 들이마시게 되었다.

'바위에 가로막힌 파도는 물을 튀기며 철썩철썩 소리 내었다.'

도무지 어떻게 표현해야 할지 감이 오질 않는다. 여행 중 바라보고 느꼈던 것을 문장 하나하나에 녹여내고 싶지만, 그것이 잘 되지 않는다. 과거의 기억을 다시 재구성해 글로 표현해내는 데에는 치밀함과 좋은 기억력이 필요했다. 잠시 눈을 감고 가물가물한 이미지의 파편을 모으려 애써본다. 눈을 감자 어두운 공간에 여러 장면들이 나타나 빠르게 빙글빙글 돌며 불규칙적으로 부유한다. 나는 그중 하나를 낚아챘다. 「연금술사」. 여행 중 즐겨 읽던 책이다. 가상의 공간에 떠오른 책을 펼치니 또 다른 이미지들이 머릿속을 메웠다. 밤하늘을 수놓은 반짝거리는 별들 그 아래에서 양치기 소년은 길을 걷는 중간 중간 나에게 인생에 관한 이야기를 들려주었다. 그의 책에 실린 문장들은 마치 내가 주인공 양치기 소년과 드넓은 사막 속에서 함께 있는 것처럼 느끼게 만들며 나를 책 속으로 빨려 들어가게 만들었다.

'현재를 살아라.' 책에서 얻은 짧지만 굵은 이 교훈은 여행 내내 내가 현재에 충실할 수 있도록 만들어 준 고마운 글귀였다. 다시 눈을 떴다. 배낭

속에 들어있는 「연금술사」를 꺼내 책상에 펼쳤다. 새것이었던 책은 이리저리 접혀있었고 책의 여백에는 내가 아무렇게나 휘갈겨 써 놓은 글귀들이 있었다. 그간 여행을 하며 그때그때마다 느낀 것들을 써 놓은 것이었다. 접어 놨던 페이지 한 곳에 내가 까만 펜으로 적어 놓은 글이 보였다.

'현재를 살아라.'

나는 내가 써 놓은 글귀를 한 동안 바라보다가 다시 글을 써 내려갔다.

퀸즈타운에서 일을 하려 했던 기경이는 마지막으로 나와 함께 한 번 더 여행길에 오르길 원했다. 기경이는 내가 케플러 트랙으로 떠난 이후로 여행을 흐지부지하게 끝냈다는 것에 대해 아쉬움이 남았다며, 나를 따라갔어야 했다고 나에게 말했다. 길었던 트랙에서의 후유증이 남아있었고 몸을 더 이상 굴리고 싶지 않았지만 나를 바라보는 친구의 두 눈에서 어떤 진정성을 느꼈다. 여행의 대부분을 내가 계획했고 그때마다 친구는 나를 잘 따라와 주었다. 나의 편의를 위해 그간 고생한 친구의 바람을 저 버릴 수 없었다.

우리는 마지막 여행지를 찾아보다가 케이프 페어웰(Cape farewell)이란 곳을 발견했다. 사전을 찾아보니 'Cape'는 곶이라는 'farewell'은 작별을 의미했다. 작별의 곶. 그곳은 마치 우리의 마지막 여행을 위해 지어진 이름 같았다. 사소한 것 하나하나에 의미부여하는 것이 그리 좋은 일은 아니지만, 어디를 가야 할지 모를 때 이런 단순한 의미부여는 어떻게 보면 여행자가 가질 수 있는 소박한 특권이기도 했다.

10시간을 차로 달려 도착한 남섬 북서쪽의 끝 케이프 페어웰. 우리는 언덕 너머에 펼쳐져있을 바다를 향해 말없이 걸었다. 언덕 위를 넘어가니 드넓은 모래사장이 우리를 반겼다. 바다 한가운데에는 두 개의 바위가 우두커니 있었고 바위에 부딪힌 파도는 사방으로 물을 튀기며 철썩 철썩 소리 내고 있었다.

모래사장 위에 서서 나는 왜 지역 이름이 작별일까 생각했다. 아무리 생각해 보아도 주위에 연관성을 가지고 있는 것은 없었다. 이름에 담긴 이야기라도 찾아보려고 인터넷을 뒤적였지만 그 어떤 단서도 나오지 않았다. 다만 인적이 드물고 다소 차분한 분위기의 이곳은 우리가 여행의 마침표를 찍기에 최적의 장소가 되어주고 있었다. 어쩌면 우리와 같은 생각을 가지고 이곳에 올지도 모르는 사람들을 위하여, 누군가 일부러 '작별'이라 작명하고 자리를 마련한 것일지도 모른다는 생각이 들었다.

우리의 여행은 마침표를 찍을 것이지만 나는 그렇게 슬픈 감정이 들지 않았다. 다르게 생각해보면 나는 이미 매 순간마다 마주한 모든 것들과 작별하고 있었고 그것은 내가 더욱더 능동적으로 행동하며 순간순간을 즐기게끔 해주었다. 작별이란 말은 한편으론 가슴 아리는 뭉클함을 가지고 있지만, 그것은 새로운 만남, 또 다른 여행의 서막을 뜻하기도 했다.

저 멀리 같은 바다를 바라보고 있는 기경이에게 나는 물었다.

"마무리가 괜찮은 것 같제?"

"어… 그런 것 같다. 니는?"

"나도…."

기경이는 한결 가벼워진 목소리로 나에게 말했다.

나는 글쓰기를 잠시 멈췄다. 그리고 다시 연금술사를 펼쳤다. 맨 뒷장을 보니 3줄로 된 문장이 있었다. 내가 휘갈겨 써놓은 글을 보니 입 꼬리가 살짝 올라갔다. 그리고 나는 뒷부분에 그 내용을 추가하는 것으로 글을 끝맺었다.

백패커의 삶은 배고픔이다

음식을 향한 갈망을 떠나

모험과 새로운 길을 찾는 갈망

그것이 바로 백패커의 배고픔이다

우리의 배고픔은

아름다운 자연과

또 다른 백패커들과의 대화

그리고 같은 시간을 함께 걸어감으로써

다시금 채워진다

제4장

닻 내린 배는 항해할 수 없다

그대의 여로에 축복을

59kg. 여행에서 돌아온 후 몸무게를 재보니 5kg가량이 빠져 있었다. 뱃가죽 사이로 훤히 드러나 보이는 갈비뼈는 그간의 고생을 여과 없이 말해주는 듯했다. 건강을 챙겨야 했지만 오클랜드로 돌아온 후 부쩍 생각이 많아진 탓에 식욕이 뚝 떨어졌다. 비자 만료일이 다가오는 상황에서 남은 기간을 어떻게 활용해야 할지 갈피를 잡지 못했다. 나에겐 두 가지 선택지가 있었다. 한국으로 돌아가는 것과 새로운 일을 해보는 것. 하지만 비행기 표를 마련할 돈마저 수중에 없었기 때문에 결국 선택지는 하나로 좁혀졌다.

전에 일했던 카페에서 일을 다시 해보지 않겠냐고 연락이 왔다. 다가오는 여름에 바빠질 것을 대비해 내가 다시 와줬으면 좋겠다는 토니의 연락이었다. 토니의 제안이 고마웠지만 더 이상 카페 일은 하기가 싫었다. 뉴질랜드에서만 할 수 있는 일. 무언가 새로운 것에 도전해보고 싶었다.

노트북을 켜고 워홀러들이 구직할 때 자주 이용하는 backpacker job board 웹 사이트에 들어갔다. 뉴질랜드에선 각 계절마다 재배하는 작물이 달랐고, 모자라는 일손을 채우기 위해 워홀러들을 많이 고용했는데 이를 흔히 워홀러들 사이에선 시즈널 잡(seasonal job)이라고 불렸다. 할 수만 있다면 시즈널 잡은 뉴질랜드 현지 문화를 체험하는 동시에 각 국에서 온 다른 워홀러들과 일하며 여행 자금을 마련할 수 있는 일석삼조의 좋은 기회였다.

찬찬히 웹 사이트를 둘러보니 시즈널 잡을 할 수 있는 많은 구인 광고가 있었다. 그중 오클랜드에서 4시간 정도 떨어진 타우랑가 지역에서 꽃가루와 관련된 일자리가 올라와 있는 것을 발견했다. 나는 담당자에게 바로 연락했다. 담당자는 일주일 내로 일을 할 수 있을 것 같다고 말했다. 대신 기한 내에 오지 않으면 먼저 온 사람이 일을 차지할 가능성이 높다며 되도록 빨리 오는 것이 좋을 거라고 나에게 말했다.

여행자들에게 농장을 소개해주는 일은 흔히 백패커스에서 이루어진다. 보통 백패커스 주인은 일자리를 소개해주는 대가로 숙소 이용을 조건으로 제시하는데 뉴질랜드 전역에서 이런 문화가 성행하고 있었다. 나는 곧바로 다음 날 타우랑가로 향하는 버스에 올라탔다. 행여나 늦게 도착해서 일을 하지 못하는 것보다 빨리 도착해서 기다리는 것이 낫다고 판단했기 때문이었다.

시내로부터 걸어서 30분 떨어진 곳에 벨 롯지(bell lodge)라는 이름의 연락했던 주인이 운영하는 백패커스가 있었다. 주인의 이름은 셰리였다. 넉살 좋은 웃음을 지으며 셰리는 나를 일본인이 아니냐고 물었다. 여행하면서 일본인이 아니냐는 소리를 많이 들었기 때문에 나는 대수롭지 않게 아니라고 말했다.

"아니면 중국인?"

"노!"

"아! 한국인이구나."

"예스, 하하."

나 또한 서양 사람들을 보면 그 사람이 그 사람같이 보였기 때문에 그런 셰리를 이해했다. 셰리는 나를 방으로 데려갔다. 내가 머물 방은 8인실의 지저분한 방이었다. 셰리는 나에게 전용 물컵과 그릇을 주며 나중에 퇴실할 때 반납하라고 일러주곤 방을 나갔다.

일자리를 전문적으로 알선해주는 백패커스다 보니 장기간 투숙하는 사람들이 많은 듯했다. 가져온 짐을 내려놓고 방 안을 둘러보았다. 여기저기 흩어진 옷가지와 땀 냄새가 진동하는 방은 첫날부터 나의 눈살을 찌푸리게 만들었다. 따닥따닥 붙은 4개의 2층 침대는 방을 더욱 좁아 보이게 만들었다. 방 안을 살펴보는 사이 침대에 누워있던 한 명이 나에게 불쑥 인사했다.

"헤이 안녕, 난 세바스찬이야."

"만나서 반가워. 난 팍이야."

세바스찬은 독일에서 왔고, 뉴질랜드에 온 지 얼마 안 된 워홀러였다.

방 안을 보고 놀라는 나를 보고 며칠 있으면 6명이 이곳을 떠날 거라고 말해주었다. 사람이 많은 것을 싫어하는 나에겐 희소식이었다.

"너도 일자리 구하러 온 거야?"

"응. 셰리가 조금 있으면 일자리가 나올 거라고 했는데 벌써 기다린 지 일주일째야. 돈은 떨어져 가는데 방세는 계속 내야 하고… 너도 일하러 온 거지?"

"응. 나도 일자리 구하러 왔어."

세바스찬은 독일에서 고등학교를 졸업하고 대학교에 가기 전 생각을 정리하고 싶어서 뉴질랜드에 왔다고 말했다. 독일인들과 프랑스인들 사이에서는 워킹홀리데이가 유행처럼 퍼져있었는데, 그들은 언제든 뉴질랜드로 올 수 있는 비자를 신청할 수 있었다. 세바스찬은 많은 학생들이 여행하며 세상을 경험할 수 있는 기회로서 워킹홀리데이를 온다고 했다. 고등학교를 졸업하면 보통 바로 대학교에 가는 우리나라와는 다른 문화였다.

어린 나이에 홀로 여행을 온 그가 나는 마음에 들었고 우리는 가깝게 지낼 수 있었다. 같은 방을 썼고 그가 말 한대로 같이 살던 6명이 나간 이후로 우리는 자연스럽게 말을 많이 주고받았다. 내가 분데스리가에 대해 알자 놀라워하며 자신은 독일 리그에서 뛰었던 손흥민을 안다고 말해 다시 나를 놀라게 만들기도 했다.

한 번은 아침, 점심, 저녁으로 피넛버터를 발라 빵만 먹는 그가 신기해서 "너는 요리 안 해 먹어?"라고 묻자 세바스찬은 "나 요리할 줄 몰라."라고 말하며 멋쩍은 웃음을 보였다. 그것도 그럴 것이 나도 뉴질랜드에 오기 전엔 요리에 '요'자도 몰랐고 할 줄 아는 것이라곤 라면을 끓이는 정도밖에 없었기 때문에 이해가 갔다. 그래서 장을 보고 같이 먹을 만한 것을 세바스찬에게 나눠주었고 가끔씩 카레나 김치볶음밥 같은 한국식 요리를 해주기도 했다. 그에겐 익숙하지 않은 새로운 맛이었겠지만 생각보다 잘 먹으며 나에게 맛있다고 하는 그를 보니 백종원 선생님의 레시피가 외국인에게도 통한다고 생각했다.

내가 세바스찬을 열심히 챙긴 이유는 나도 처음 뉴질랜드에 와서 힘든 순간을 많이 겪었고 그 와중에 도움을 많이 받았기 때문이었다. 일자리가 빨리 나오지 않으면 조급해지는 그 마음을 나 또한 잘 알았고, 날마다 셰리에게 농장에서 연락 온 것이 없냐고 물어보는 세바스찬을 보니 처음의 나를 보는 듯했다. 나를 지금 이 자리에 있도록 만든 것이 혼자만의 힘이 아니었음을 알았기 때문에 세바스찬에게 도움을 주고 싶었는지도 모르겠다. 그에게 내가 이안과 같은 존재는 될 수 없지만, 그가 최소한 포기하고 자신의 나라로 돌아가지 않도록 용기를 주고 싶었다.

비록 나도 일을 기다리는 처지이긴 했지만 그와 달리 의연하게 있는 나를 보고 세바스찬은 걱정이 되지 않냐고 물었다.

"걱정이 되지만 뭐 어쩌겠어? 하하 셰리가 분명히 구해줄 거야."

"나는 그 할망구 못 믿겠어. 내일 연락이 올 것 같다는 말도 하루 이틀이지…."

"다른 사람들은 일을 구한 것 같던데? 조금만 더 기다려 봐봐."

그리고 다음 날 정말로 세바스찬은 이제 일을 할 시간이라는 셰리의 통보를 받게 되었다. 그는 나에게 달려와 이 사실을 알려주며 뛸 듯이 기뻐했다. 좋아하는 그를 보니 나도 덩달아 기분이 좋아졌다. 또 다른 한 사람이 여행자의 세계로 첫 발을 내딛는 순간을 나는 목격한 것이었다. 뉴질랜드에 처음 와서 혼돈 속에 있던 나에게 여행의 의미를 일깨워주었던 프랑스 친구 폴이 떠올랐다. 나 또한 그에게 제일 먼저 달려가 우프 일자리를 구했다고 말했었다. 기뻐하던 나를 바라보던 폴의 심정도 지금의 나와 같았을까. 폴이 나에게 나침반 같은 존재였듯이 나도 남은 세바스찬의 여행에 그런 의미로 남을 수 있을까. 길고 아득하게만 보였던 나의 워킹홀리데이가 끝나가는 시점에서 그의 여로를 나는 축복해본다.

감동을 준다는 건

띠닝·푸루닝(솎아내기·가지치기) 시즌을 맞아 타우랑가엔 일자리가 넘쳐났고 벨 롯지는 워홀러들로 붐볐다. 남섬에서 구직활동을 하다가 상황이 여의치 않았던 기경이도 벨 롯지에 합류하여 나와 함께 일자리를 기다렸다. 벨 롯지에 온 지도 어느덧 일주일째. 셰리로부터 빠른 시일 내에 일할 수 있을 것이란 확답을 받았다.

뉴질랜드에 온 이래로 가장 잉여로운 삶을 살고 있는 지금, 나의 하루 일과는 그야말로 권태로웠다. 기타를 치고 배가 고프면 밥을 먹고, 고양이와 함께 햇볕을 쬐다가 다른 친구들과 함께 웃고 떠드는. 일일이 나열하기 부끄러울 정도로 나는 한가로운 한량의 삶을 살고 있었다.

여행을 좋아하는 사람 가운데 음악을 싫어하는 사람이 있을까. 음악이 흘러나오는 스피커 주위에 앉아 이야기를 나누는 것은 벨 롯지의 새로운 문화가 되었다. 국적이 다르고 쓰는 말이 달라도 유명한 팝송 하나면 공감대를 형성하는 것은 일도 아니었다. 음악과 함께 밤마다 벌어지는 파티는 하루 일과를 끝낸 뒤 마시는 맥주 맛을 더욱더 달콤하게 만들었다. 음악은 그렇게 여행자들을 이어주고 삶에 활기를 불어넣는 떼려야 뗄 수 없는 동반자이기도 했다.

맞은 편 방에는 프랑스인 친구 두 명이 살고 있었다. 마틸과 맬빈. 커플인줄 알았지만, 내가 커플이냐고 물어보자 둘은 호탕하게 웃으며 커플이 아니라고 했다. 보통 남녀가 함께 여행을 오면 커플이 아닌가 했지만 둘은 대학교 동기였고 마음이 맞는 친구로서 함께 뉴질랜드에 오게 되었다고 했다. 도대체 얼마나 친하면 저렇게 남녀가 함께 친구로 올 수 있을까 내심 부러운 생각이 들었다.

호주 음악가 출신 존 버틀러에 대해 서로 알고 있었던 우리는 금방 친해질 수 있었다. 그러던 어느 날 테라스에서 얘기를 나누다가 얼떨결에 기타를 치게 되었다. 남들 앞에서 기타 치는 것을 꺼리는 나였지만 초롱초롱한 눈으로 나를 쳐다보는 프랑스 친구들을 외면하지 못한 채 어렵사리 기타를 들었다. 연주할 수 있는 곡 중에 신나는 노래가 없다고 하자 친구들은 그저 오케이만 외치며 뭐든 좋으니 기타를 쳐보라고 했다. 내가 외운 곡이라곤 지독히 감성적인 노래들 밖에 없었으므로 기왕 감성을 팔 것이라면 아는 노래 중 제일 진한 감성이 베여있는 노래를 부르고 싶었다. 그리고 잔잔한 e코드 반주를 시작으로 아일랜드 뮤지션 다미안 라이스의 blower's daughter를 불렀다.

초저녁 날씨는 꽤 쌀쌀했고 줄을 튕기는 오른손 손가락 마디가 마비되었는지 감각이 무뎌왔다. 낯선 이 앞에서 노래를 부르는 것은 매우 떨리는 일이었다. 내뱉는 호흡과 가사를 곱씹으며 노래를 부르다 보니 어느 순간 주위에 무뎌진 채 오로지 노래에 집중할 수 있었다. 기타의 선율과 내 목소리가 하나가 되어 어슴푸레 어둠이 내린 벨로지에 울려 퍼졌다.

형편없을 거라 생각했던 연주가 끝나갈 무렵 마틸이 촉촉한 눈가로 나를 바라보고 있는 것이 보였다. 그러더니 눈물을 훔치는 것이 아닌가. 순간 놀라서 목소리가 떨려왔다. 간신히 연주를 끝내고 당황스러움을 감춘 채 기타를 바닥에 내려놓았다. 잠시 정적이 흘렀고 옆에 있는 친구들이 그녀를 토닥여 주었다. 그녀는 멋진 연주였다면서 목소리에서 어떤 슬픔이 느껴져 자신도 모르게 노래에 빠져들었다고 말했다.

누군가에게 감정을 전달하는 것은 나로선 무척이나 힘든 일이었다. 다른 이들이 만들어 낸 노래나 책, 영화를 통해 감동받기에 능했지 감동을 주는 것은 나와 거리가 먼 일이었다. '고마우면 고맙다, 미안하면 미안하다.'라고 말하는 것이 나에게 가장 어려운 일 중 하나였고 감정을 표현하는 방법으로 항상 편지나 글 같은 간접적인 수단을 택했다. 기타를 치는 것 또한 내 감정을 발산하는 또 다른 출구인 것일까. 어떤 수단을 이용해 감정을 전달한다는 점에서 나는 진정한 겁쟁이일지도 몰랐다.

4년 전 동서울터미널 지하상가에서 버스킹을 한답시고 친구 승한이와 함께 이 노래를 불렀었다. 당시 우리는 상가 사람들로부터 쫓겨나 자리를 떠나야만 했다. 집에서 기타를 치며 노래를 부를 때도 마찬가지였다.

항상 '시끄럽다, 밖에 벤치에 나가서 쳐라. 니는 하루 종일 기타만 붙잡고 있냐.'등 어머니의 핀잔을 듣기 일 수였다. 물론 그 당시 연주의 개념은 단지 코드에 맞춰 기타줄을 튕기고 가사를 읊조리는 것이었지만, 지금 와서 생각해보면 지나온 시간 속 나의 경험과 아픔, 수많은 감정들이 목소리에 무언가를 조금씩 더해가고 있던 것인지도 몰랐다. 밤새 연주를 들을 수 있겠다는 친구들의 말을 듣고 나는 속으로 정말로 감사했지만 역시나 쭈뼛쭈뼛 감사한 마음을 그대로 전하지 못했다.

누군가에게 감동을 준다는 것. 그리고 그로부터 그들에게 감사하고 있는 나를 발견하는 것. 자주 마주할 수 있는 장면은 아니지만, 이러한 순간이 삶에 있어서 또 다른 행복이 될 수 있다는 것을 다시 한번 느꼈다. 진정한 겁쟁이를 알아봐 준 마틸에게 다시 한번 고마운 마음을 전하며 음악에 대한 열정만큼은 식지 않으리라 다짐해본다.

묵묵히 나의 길을 가련다

일을 끝내고 오래간만에 노트북을 켜보았다. 메일함을 확인해보니 뉴질랜드 이민성에서 메일이 한통 날아와 있었다. 어느덧 뉴질랜드에 온 지도 벌써 10개월째. 내용은 비자가 만료되어가니 내년 2월 3일 전에는 출국을 해야 한다고 말하고 있었다. 1년을 채울 거라 생각지도 못했던 워킹홀리데이가 어느덧 1년을 향해 달려가고 있었던 것이다. 2개월이 남은 상황에서 나의 고민은 자연스럽게 진로에 대한 고민으로 이어졌다.

'워킹홀리데이가 끝난 후 나는 이제 무엇을 해야할까.'

직업의 귀천이 없는 뉴질랜드, 그리고 그리 치열하지 않은 사회와 만족스러운 삶의 질. 뉴질랜드에서 경험한 문화는 나에게 한국 사회에 대한 반감을 심어주었다. 솔직히 한국으로 돌아가는 것이 두려웠다. 내가 좋아하는 것을 찾은 이상, 다시 대학교로 돌아가 원치 않는 공부를 하고 싶지 않았다. 물론 전공을 들으며 내가 원하는 영상 공부를 병행할 수도 있었지만 나는 그에 앞서 그럴만한 능력이 있을지 스스로 회의를 느꼈다.

급기야 회피의 일환으로 호주 워킹홀리데이에 대해 알아보기 시작했

다. 호주에 가서 시간적인 여유를 가지고 생각해보자는 계획이었다. 호주에 가본 적이 있다고 했던 벡스를 떠올렸다. 영국에서 온 벡스는 여행자금을 마련하기 위해 함께 폴른 밀(pollen mill)에서 일하는 나의 동료였다. 여성임에도 불구하고 힘든 일을 마다하지 않는 그녀는 시원시원한 성격으로 팀장을 자처해 우리를 대변해주는 역할을 하기도 했다. 나는 그녀의 방으로 찾아갔다. 마침 벡스는 테라스에 나와 담배를 피우고 있었다. 내가 우물쭈물하자 벡스가 먼저 나를 반기며 물었다.

"헤이 팍, 뭔데? 일에 관한 거야?"

"아니. 너 호주 간 적 있었잖아. 호주 어땠어? 뉴질랜드 비자가 이제 거의 끝나가서 호주 워킹홀리데이를 가보려고 생각 중이거든."

벡스는 자신이 경험했던 호주에 대해 친절하게 말해주었다. 뉴질랜드보다 조금은 개인적인 사람들. 하지만 대륙이 넓은 만큼 볼 것도 많고 여행할 곳도 많다고 그녀는 말했다. 그리고 시급이 높아서 일을 하면 돈을 많이 벌 수 있을 것이란 말도 덧붙였다.

"그런데 호주는 왜 가려고 하는 거야? 한국으로 돌아간다고 하지 않았어?"

"실은… 마음의 준비가 되지 않았는지 한국으로 돌아가는 것이 두려워. 하고 싶은 것은 있지만 그 분야엔 이미 재능 있는 사람들로 넘쳐나거든. 시작도 늦은데 치열한 사회에서 내가 과연 그것을 해낼 수 있을지 잘 모르겠어. 그래서 좀 더 생각할 수 있는 여유를 가져보려고 호주에 갈 생각을 하고 있어."

잠자코 듣고 있던 벡스는 나에게 그녀의 이야기를 들려주었다.

"팍, 그거 알아? 호주에 처음 도착했을 땐 어떻게 해야 할지 몰랐었어, 아는 사람도 없고. 일을 구하는 게 힘들어서 혼자 많이 울곤 했었지. 근데 어쩌다 보니 호주에서 1년. 이제 뉴질랜드에서 1년이 다 되어가네? 하하. 어쨌든 난 호주에서 여행하며 사람들 만나고 이야기 나누고 하는 게 너무 좋았어. 지금은 비록 일하고 있지만 조금 있으면 일을 끝내고 또다시 자유롭게 여행할 거라는 생각에 난 너무 행복해.

팍, 넌 이미 뉴질랜드에서 10개월 있었잖아. 왜 뉴질랜드로 온 지는 나

도 잘 모르지만 너는 이미 무엇을 해야 할지 잘 알고 있어. 가슴이 정말 그걸 원한다면? 그냥 원하는 대로 내버려 둬. 호주? 호주 정말 좋은 나라지. 하지만 네가 하고 싶은 건 따로 있잖아. 그걸 해 봐. 사람은 자기가 하고 싶은 걸 할 때 가장 행복하다고 생각해. 한국사회가 아무리 치열하다고 해도 네가 정말 원한다면 그런 게 뭐 소용 있겠어? 세상엔 아직 자기가 하고 싶은 걸 모른 채로 살아가는 사람도 있고 하고 싶지만 못 하는 사람들이 얼마나 많은데. 그렇게 생각하면 우리는 이미 행복한 사람일지도 몰라."

벡스의 말은 송곳처럼 내 머릿속을 파고들었다. 그 어떤 반박도 대꾸도 할 수 없었다. 그저 나 자신이 부끄러웠다. 줄곧 생각해왔지만 스스로 확신이 없어서 감히 입 밖으로 꺼낼 수 없었던 말들. 벡스는 자신에 대한 확고한 믿음이 있었기에 나에게도 그런 말을 할 수 있는 것이었다. 이 핑계 저 핑계로 해낼 수 없을 거란 나에 대한 불신은 결국 호주라는 또 다른 회피로 이어졌던 것이다.

여행이 끝난 후 오클랜드에서 영상을 만들던 때를 생각했다. 기경이와 함께 찍은 영상으로 짤막한 영상을 만들었었는데, 작업을 하는 동안 시간 가는 줄 모르고 편집을 했었다. 장면 하나하나에 의미를 부여하고 이야기를 만들어 가는 과정은 정말 흥미로운 일이었다. sns에 올린 영상은 지인들에게 호평을 얻기도 했다. 사람들에게 힘이 되는 영상을 만들겠다던 나의 꿈. 가능성은 나 스스로 만들어가는 것이라고 다짐하지 않았던가. 나에게 필요한 것은 나의 길을 가는 것. 이것저것 따지지 않고 그저 나의 길을 묵묵히 걸어가면 되는 것. 그뿐이었다.

벨 롯지(bell lodge)

셰리의 말대로 우리는 폴른 밀에서 일을 시작하게 되었다. 일은 개화 사정에 따라 오로지 한 달에서 두 달 정도 할 수 있는, 말 그대로 시즈널 잡이었다. 기간이 그리 길지 않았지만 셰리는 자기가 알선해 줄 수 있는 일 중 가장 좋은 일이라며 열심히 해보라고 우리를 응원해주었다. 작업은 단순했지만 점심부터 시작해서 길게는 다음 날 아침이 되어서야 끝나는 경우도 있어서 육체적으로 많이 힘들었다.

독일, 영국, 한국인으로 구성된 9명의 사람들은 조를 나누고 포지션을 바꿔가며 작업에 임했다. 쉬는 날 없이 일주일 내내 일이 진행되었고 결국 매니저 팀과 상의해 인원을 더 충원할 수 있었다. 모두가 밤 샘 작업에 지쳐 쉬는 날이 간절히 필요했기 때문이었다. 새로운 팀원들이 들어와서 비교적 쉬는 텀이 전보단 많이 생겼지만, 동시에 들어오는 꽃의 수도 많아져서 업무량은 별다른 차이가 없었다.

작업은 농장에서 꺾어온 꽃으로부터 꽃가루를 분리해내는 일이었다. 그물망이 있는 기계에 꽃을 넣고 기계를 돌리면 꽃가루가 아래로 떨어졌고 그 꽃가루는 하루 동안 적정온도에서 건조된 상태로 유리병에 담겨 인공수정하는데 쓰였다. 작은 규모의 작업이었지만, 500ml 병 하나에 수천 달러의 수입을 낼 수 있었기 때문에 꽃이 피는 한 달여 기간 내에 최대한 많은 꽃가루를 만들어내야 했다.

하지만 꽃가루가 담긴 유리병이 많아질수록 기경이와 나 모두 지쳐갔다. 정상적으로 아침에 일을 시작해서 초저녁에 들어오는 근무면 괜찮았지만, 다른 농장에서 일하는 친구들이 퇴근할 때 우리는 출근했고 그다음 날 한밤중이나 이른 새벽 숙소에 도착했기 때문에 규칙적인 생활을 하기 힘들었다. 다행히 세바스찬이 새벽 5시에 일어나는 버릇이 있어서 가끔 일을 끝내고 그와 대화를 나누는 것 빼곤 다른 친구들을 마주칠 일이 없었다. 저녁에 맥주 한 잔 걸치며 대화하는 것으로 하루 일과를 끝내고 싶었던 나로선 피로를 풀 방법이 없었다.

결국 군말 않고 일하던 기경이가 먼저 신음을 냈다.
"아 도저히 못해 먹겠다. 몸이 너무 아프다."

불규칙적인 생활로 인해 약을 제때 복용하지 못해 몸에 부작용이 생겼고 그것이 지금껏 계속 축적됐던 것이다. 그의 몸이 때때로 걱정되곤 했었는데 기어코 일이 터져버리고 말았다.

"기경이 오늘 내가 팀한테 니 아프다고 말할 테니깐 좀 하루 푹 쉬어라."
"하… 그냥 집에 갈까? 여기서 뭐하고 있는지 모르겠다."

"일단 쉬어봐봐. 아무래도 잠이 부족해서 그런 것 같다."

누구나 힘든 순간이 오면 마음이 약해지기 마련이다. 자유의지로 간 여행은 여건에 맞게 움직일 수 있었지만 여행과 달리 일은 효율성을 극대화시키기 위해 우리의 자유를 헌납해야 했다. 뉴질랜드에서 일하는 것이 처음이었던 기경이가 이해가 갔다. 나 또한 많이 지쳐있는 상태였고 그를 어느 한쪽으로 몰아세우는 것은 잘못된 것이라 생각했다. 이것은 기경이 스스로의 싸움이었다. 내가 그에게 해줄 수 있는 건 있는 그대로 그를 바라봐 주는 것 밖에 없었다. 나는 잠자코 있다가 그를 내버려 둔 채 밖을 나왔다. 점심을 준비하고 있는데 어느새 기경이가 옆에 와서 나를 거들었다,

"몸은 괜찮나? 무리하지 말고 쉬라니깐. 내가 팀한테 말할게. 하루 정도는 눈 감아 줄 거다."
"아니 괜찮다. 같이 가자."

불행 중 다행으로 일은 예상했던 기간보다 빨리 끝났다. 날씨가 좋지 않아서 올해 꽃 수확량이 작년에 비해 현저히 떨어졌기 때문이었다. 일이 빨리 끝나면 일자리를 잃는 것이지만 모두들 그렇게 나쁘게 생각하지 않는 것 같았다. 아무래도 다들 꾸역꾸역 참고 있던 것이라 생각했다. 매니저 팀 집에서 직원 파티를 끝으로 우리는 모두 뿔뿔이 흩어졌다. 먼저 벨 롯지를 떠나는 우리에게 친구들은 주차장까지 나와 배웅해 주었다.

죽은 듯 기계같이 일했지만 마음만은 어린아이 같았던 이노. 기경이보다 큰 덩치에 항상 웃음을 잃지 않고 열심히 일했던 프리다. 때때로 일을 놀이로 승화시키곤 했던 줄스와 샘. 점잖고 신사 같은 구석이 있었지만 알고 보니 우리보다 나이가 어렸던 조. 힘든 일이었지만 좋은 친구들이 있었기 때문에 우리는 문제없이 일을 끝마칠 수 있었다. 그리고 그 중심엔 어느새 내 집같이 편해진, 우리를 하나의 가족처럼 묶어주었던 벨롯지가 있었다.

높은 곳을 바라볼수록 아래로 떨어진다

어릴 적부터 승부욕이 강했던 나는 달리기를 하더라도 남들보다 더 빨리 결승선을 통과하려 안간힘을 썼다. 누군가의 꽁무니를 쫓아가는 것이 지독히도 싫었고, 그런 나의 본능은 두 다리가 더 빨리 달릴 수 있도록 만들었다. 저 멀리 날아가는 축구공을 향해 남들보다 뒤에서 달리기를 시작한 나는 있는 힘껏 달려 그 공을 차지하려 애썼다. 그리고 이러한 승부욕과 자존심은 누군가 나의 우위에 있을 때, 나로 하여금 열등감을 느끼게 했다. 그들을 따라잡기 위해 발버둥 쳤고 그 와중에 자괴감과 좌절을 느꼈다. 그리고 그 경쟁에 지쳐 나는 어느새 회피하는 인간이 되었다.

이러한 경향은 사랑에도 적용되었다. 나는 있는 그대로의 모습으로 다가가지 못했다. 스스로가 뒤쳐진다고 생각했고, 또한 어떤 면에선 우월하다고 생각했다. 그것은 진정한 사랑이 아니었다. 그것은 저울질하며 누가 더 값비싼 금덩이인지 가치를 매기는 것에 불과했다. 외모가 어떻든, 돈이 적든 많든, 똑똑하건 멍청하건. 중요한 것은 그 사람에게 표면적으로 비치는 나의 모습이 아니었다.

스스로 부족하다고 생각하는 부분을 채우기 위해 노력했지만 그 과정에서 오히려 더 많은 공허함을 느꼈다. ‘더 화려한 커리어와 외모 그리고 포장된 인격을 가진다면’이라는 가정은 더욱더 스스로를 초라하게 만들었다. 당장 얻을 수 없는 물질적인 것들은 저 멀리서 나를 유혹하며 가까이 오라고 부추겼고 현혹된 나는 정말로 중요한 것은 뒷전에 던져둔 채 허황된 꿈을 좇는 자로 전락했다.

어떻게 보면 피어나는 욕망 속에서, 그저 흘러가는 대로 나를 내버려둔다면, 좀 더 그 굴레에서 쉽게 벗어날 수 있지 않을까. 계획 없이 그저 새로움에 대한 순수한 동경과 낭만을 가지고 있던 그때 그 시절, 나는 사소한 것으로부터 많은 영감을 얻었었다.

더 높은 곳을 바라볼수록 더 아래로 떨어지는 느낌을 받으니 그것이 손에 닿지 않을 거리에 있다면, 지금 나의 자리에서 나의 시야에서 최선을 다하는 것이 더 현명하지 않을까. 잡히지 않고 보이지 않는, 어쩌면 내 것이 아닌 무언가에 목을 매기보다 나 자신을, 그리고 주변을 먼저 돌아보고 사랑하는 것이 현명한 일이 아닐까.

우리가 홀로 서는 동안

타우랑가에서 일을 마치고 이안이 있는 오클랜드로 돌아왔다. 기경이는 한국에 돌아가기로 결정했고, 나는 처음 들고 왔던 돈이라도 다시 모아가자라는 요량으로 다른 일자리를 알아보았다. 비자가 2개월 남짓 남은 상황에서 일을 구하는 건 쉽지 않았다. 일하던 카페에서도 이미 사람을 구해놓은 상태였고, 여기저기 이력서를 보내보아도 답장은 오지 않았다.

그러던 중, 한인 커뮤니티 사이트에서 단기 아르바이트생을 구하는 공고문이 올라온 것을 발견했다. 오클랜드에서 7시간 떨어진 타이하페에 있는 스시 집에서 바빠질 여름을 대비하여 주방 보조를 구하는 공고문이었다. 이것저것 따질 여유가 없었던 나는 곧바로 올라와있는 연락처로 전화를 걸었다. 그쪽도 시골에 있는 가게라 그런지, 사람을 구하는 게 어려운 듯, 최대한 빨리 와주었으면 좋겠다고 했고, 나는 이틀 후 짐을 챙겨 스시 집이 있는 타이하페로 향했다.

7시간 걸려 도착한 타이하페는 조그마한 시골 동네였다. 오클랜드와는 달리 가게는 손에 꼽을 정도로 몇 개 없었고, 그 틈바구니에 스시 집

간판이 보였다. oki sushi. 바로 내가 일하게 될 스시 가게였다. 사장님은 나에게 숙소를 제공해 주셨고 나는 필리핀 부부와 함께 살면서 일을 하게 되었다.

가게에는 총 4명의 직원들이 있었다. 한국인 매니저님과 셰프였던 용화 형, 대만인 캐셔 케이티, 그리고 나였다. 크게 어려운 일은 없었다. 간단하게 만들 수 있는 스시와 튀김류, 그리고 재료 손질과 설거지를 내가 맡았다. 북섬을 세로로 가로지르는 1번 고속도로의 정 중앙에 있는 타이하페는 작은 동네였지만 유동차량이 많아서 주로 여행자들이 가게를 찾았고, 방학기간과 성수기가 겹치면서부터 가게는 온종일 손님들로 북적였다.

여행기간과 타우랑가 백패커에서 머무는 동안 조금 더럽게 지냈던 나는 위생관념이 부족했다. 기경이와 함께 여행을 다닐 때 시냇물에 대충 물로 냄비를 헹구던 버릇이 아직 남았는지, 설거지가 깔끔하지 않다며 매니저님께 꾸지람을 듣곤 했다. 그리고 바쁜 와중에 여유를 부리며 매니저님 속을 답답하게 만들어 미움을 사기도 했다. 하지만 그럴 때마다 용화 형은 나를 도와주었고 칼을 잡는 올바른 방법부터 효율적으로 주방 일을 할 수 있는 팁들을 가르쳐주곤 했다.

함께 하루 종일 일을 같이 하다 보니 나는 자연스럽게 용화 형과 친해질 수 있었다. 여태껏 기경이를 제외하고는 한국인들과 교류가 거의 없었던 나였기 때문에 용화 형은 그간 내가 몰랐던 많은 정보들을 알려주었다. 용화 형은 뉴질랜드가 다른 나라에 비해 영주권을 얻기가 쉽다고 했다. 사람들이 가장 많이 이용하는 루트는 요식업계에서 일하며 영주권을 얻는 것이었다. 용화 형 또한 한국에서 대학교 생활을 하다가 여행이나 할 겸 워킹홀리데이로 뉴질랜드에 왔는데, 어쩌다 보니 이 나라가 좋아져서 영주권까지 얻을 생각을 하고 있다고 말했다.

한 가지 놀랐던 것은 내가 다큐멘터리 감독이 되고 싶다고 말하자 용화 형 또한 나처럼 한 때 영상에 뜻이 있었고 촬영 감독이셨던 아버지 밑에서 방송과 관련된 일을 해보았었다고 말했다. 방송일이 재밌지만, 체력을 많이 요하고 공기업에 들어가지 않는 이상 수입이 불안정하다며 자신은 영상 일을 포기했다고 말했다. 그러면서 나에게 어려운 길을 선택했다며 혀를 내둘렀다. 실제로 우리나라 영상업계가 어떻게 돌아가는지 구체적으로 알지 못했기 때문에, 부정적으로 미래를 내다보는 용화 형의 말을 듣자 마음이 흔들렸다. 나의 불안한 기색을 눈치챈 용화 형은 자신의 못다한 꿈을 내가 이뤄졌으면 좋겠다며 나를 격려해주었다.

가게가 바쁠 땐 점심마저 거르면서 손이 네 개가 된 듯 열심히 일하는 용화 형. 용화 형도 나와 비슷한 생각을 분명히 해왔을 것이다. 꿈은 있지만 꿈을 위해 비집고 들어가 자리를 차지하기 어려운 사회. 그렇지만 망설임 속에 온 뉴질랜드는 용화 형에게 새로운 꿈을 만들어 주었다. 주방 보조로 시작해 이제는 가게에 없으면 안 될 존재가 되어버린 용화 형. 그

의 꿈은 나중에 자기 이름으로 스시 가게 하나를 오픈하는 것이었다. 비록 예전의 꿈과는 거리가 멀었지만, 막상 요리를 해보니 요리도 적성에 맞는 것 같다고 말하는 그는 나에게 있어서 열심히 일하는 한국인의 표본이 되었다. 그런 형에게 내가 먹어본 스시 중에 형이 만든 게 가장 맛있다고 말하며 가게 차리면 꼭 연락하라고 말했다.

친구들은 말한다. 스무 살, 스물한 살의 자신과 지금의 자신은 많이 달라졌다고. 모두 미래에 대한 걱정으로 골머리를 앓고 있는 것 같았다. 불과 오년 사이에 우리는 우리 스스로 변화해야 했다. 그 시점이 언제인지 정확히는 모르겠다. 아마 부모님의 그늘에서 벗어나 진정한 어른으로써 홀로서기를 준비하면서 우리는 마음속 수많은 가치들의 우선순위를 정해야 했는지 모른다. 스무 살, 낭만과 이상이 우위를 점했더라면 지금은 물질적인 가치가 점점 낭만이 가득했던 그 시절의 세계를 독식해 가고 있었다.

지난 3월 음악가를 꿈꾸던 친한 친구가 음악을 관두고 전문직으로 가기 위해 다시 전문 대학교를 들어간다고 말했을 때, 나는 슬펐지만 그에게 어떤 말도 할 수 없었다. 하지만 용화 형을 보니 꿈은 언제나 바뀔 수 있는 것이고, 열심히 하다 보면 반드시 기회가 온다는 것을 깨달았다. 나의 친구 또한 음악을 내려놓고 다른 곳을 향해 달리고 있지만 분명히 그가 원한다면 기회는 어느 곳에서든 언제나 찾아오리라 생각했다.

용화 형이 만들어 놓은 스시가 쇼 케이스 안에서 손님을 기다리고 있다. 가지런하게 진열되어 있는 스시들. 미래에 뉴질랜드 어딘가 용화 형이 차린 가게에서 저 스시들은 먹음직스러운 자태를 뽐내고 있지 않을까. 그리고 그것은 지금 용화 형의 또 다른 낭만이 되지 않았을까.

비포 선라이즈

1월 1일. 어김없이 찾아오는 이 날은 우리에게 어떤 묘한 느낌을 선사한다. 핸드폰에 일 년 동안 항상 똑같았던 4자리의 숫자가 한 살 더 먹어 새롭게 화면을 장식하는 날. 하지만 마음이 가볍지만은 않다. 한 해의 첫 시작을 경건한 마음으로 보내야 할 것 같기 때문이다. 일 년에 몇 번 보이지 않는 부지런함으로 우리는 아침 일찍 일어나 졸린 눈을 비비고 일출을 보러 가곤 하지 않는가. 31일 저녁, 가게에서 식기를 닦으며 나도 새로운 시작에 의미를 부여해줄 무언가를 해야겠다고 생각했다.

마침 1월 1일은 국가 공휴일이라 가게도 쉬었고, 일을 마치고 밤새 차를 타고 달리면 일출을 볼 수 있는 동쪽 해안에 도착할 수 있었기 때문에 시간적 여유는 있었다. 어떻게 보면 뉴질랜드의 마지막이 될지 모르는 일출. 어릴 적 부모님 손을 잡고 간절곶 앞바다에서 두 손을 가지런히 모으고 소원을 빌었을 때를 제외하곤 그동안 새해에 일출을 보러 간 적이 없었다. 늦은 밤 뉴질랜드 밤거리를 홀로 운전하는 것이 위험했지만 나는 일출을 보러 가기로 결정했다.

늦은 밤 구불구불한 산길을 따라 자동차 헤드라이트에 의지한 채 밤길을 달렸다. 연말이라 바빴던 탓에 몸이 지쳐있었지만, 핸들을 꼭 잡고 암흑 속을 조금씩 나아갔다. 그런데 그때 생명체 한 마리가 헤드라이트 빛에 반사되어 나의 시야에 들어오는 것이 보였다. 바닥을 스멀스멀 기어가는 고슴도치는 차가 오는 걸 아는지 모르는지 도로 한가운데에서 버티고 있었다. 나는 곧바로 브레이크를 밟았다. 차에 서 내려 확인해보니 간발의 차로 고슴도치가 차에 닿을 듯 말 듯 한 거리에 있었다. 새해부터 한 생명을 떠나보낼 뻔한 것이었다. 헤드라이트 불빛 때문인지 고슴도치는 가시를 바짝 세우고 잔뜩 웅크린 채 바닥에 누워있었다. 나는 차에 돌아가서 라이트를 껐다. 고슴도치는 다시 천천히 움직였고 이내 풀숲으로 사라졌다. 나는 가슴을 쓸어내리고 다시 운전대를 붙잡았다. 많은 사람들이 일출을 보러 갈 것이라고 생각했지만 아무도 나와 같은 생각을 하지 않았는지 고슴도치를 만난 이후로 그 어떤 불빛도, 차도, 인적도 찾아볼 수 없었다.

3시간 여 달렸을까. 산길에서 내려오자 저 멀리 해안가 주변으로 불빛이 아른거렸고, 해안가와 가까워질수록 기다란 차들의 행렬이 끊임없이 이어져있는 것을 볼 수 있었다. 세계에서 가장 해가 일찍 뜨는 기스본으로 향하는 차량들이었다. 나는 그 차들과 반대 방향으로 차를 몰았다. 어차피 뉴질랜드 동쪽 해안 모두 일출을 볼 수 있었기 때문에 나에게 장소는 어느 곳이든 상관없었다. 잠시 차를 주차하고 구글 지도를 보았다. 평평한 해안가 사이로 볼록 튀어나온 곳이 있었다. 케이프 키드네퍼스(Cape Kidnappers). 일전에 토니가 우리를 데려가려고 했지만 날씨가

좋지 않은 탓에 가지 못했던 곳이었다. 바다 쪽으로 돌출된 곳이 일출을 보기에 꽤 좋은 장소란 생각이 들었고 나는 위치를 확인하고 곧바로 케이프 키드네퍼스로 향했다.

도착하니 차들이 꽤 있었다. 일출까지 시간이 좀 남았기 때문에 차에서 잠깐 눈을 붙이기로 했다. 주변에 캠핑장이 있는지 사람들이 술을 마시며 웃고 떠드는 소리가 들려왔다. 이미 시간은 4시를 향하고 있었고, 한국에서도 곧 제야의 종을 울리겠구나 생각하며 잠시 잠을 청했다.

맞춰놨던 알람에 눈을 떠보니 창밖으로 강렬한 빛이 온 바다를 붉게 물들이고 있는 것이 보였다. 차에서 나온 나를 본 남녀 한 쌍이 "해피 뉴 이어"를 외치며 나에게 맥주를 건넸다.

'이제 한국에선 사람들이 제야의 종소리를 듣고 잠을 청하고 있겠지. 서울에서 정동진으로 향하는 기차에 올라탄 사람들도 있겠구나.'

처음이자 마지막이 될지도 모를 뉴질랜드의 일출을 보며 나는 속으로 밤 새 달려오길 잘했다고 생각했다. '내 눈앞에 있는 저 태양을 바다 건너 누군가는 해변 언저리 어딘가에 서서 기다리고 있겠지' 하고 생각하니 나도 모르게 웃음이 나왔다.

바다 위로 옅게 깔려있는 구름에 빛이 반사되자 황홀경이라 했던가. 보랏빛, 핑크빛, 오렌지빛, 말로는 형용할 수 없는 강한 색채의 빛깔들이 강렬하게 내 눈앞에서 타오르고 있었다. 산에 올라 일출을 보든, 집 앞 베란다에 나와 일출을 보든, 모두 똑같은 태양을 보는 것이지만 바다 어귀에서 사람들이 피워놓은 장작에 손을 녹이며 일출을 보는 건 또 다른 매력이 있었다.

태양이 조금씩 솟아오르며 드리운 어둠을 물리쳤다. 풍부했던 감성이 조금씩 사그라지는 것을 느끼며 나도 다시 차에 올라탔다. 1시간여 짧지만 수평선 위로 춤추듯 멋진 공연을 펼쳐 보인 태양을 뒤로한 채 나는 다시 서쪽으로 차를 돌렸다.

마지막 산

어릴 적부터 나는 산을 좋아했다. 구불구불한 산길을 올라갈 때면 마치 내가 마크 트웨인의 소설에 나오는 허클베리핀이라도 된 마냥 신나게 뛰어다니며 놀곤 했다. 집 주위에 산이 많았기 때문에 자연스럽게 나는 산과 친해질 수 있었고, 가끔 스트레스를 받거나 생각을 비우고 싶을 때 산을 찾곤 했다. 본격적으로 산에 관심을 가지기 시작한 시점은 산악계의 전설 라인홀트 메스너의 책을 읽고 나서부터였다. 도서관에서 여행책 코너를 기웃거리다 발견한 그의 책 「내 안의 사막 고비를 건너다」는 사막 횡단에 관한 내용이었지만 에베레스트를 비롯한 험준한 산이란 산은 모두 오른 라인홀트의 마지막 여행에 관한 것이었다. 절제된 문장과 경험에서 우러나오는 그만의 사고방식은 나로 하여금 극한의 모험을 하는 나를 상상하게 만들었다. 그리고 히말라야 같은 고봉은 아니지만 내가 할 수 있는 선에서 높은 산을 올라가 보고 싶다는 꿈을 가지게 되었다.

스시 가게 일이 끝나고 드디어 나의 꿈을 실현할 기회가 찾아왔다. 비자는 2주 남짓 남은 상태였고, 나에겐 또 한 번의 여행을 할 수 있는 충분한 시간이었다. 남은 기간 동안 편히 쉬다가 한국으로 돌아가는 것이 여러모로 안전한 길이었지만 기어코 나는 마지막으로 산을 오르기로 결정했다. 내가 정한 곳은 타라나키 산이었다. 기경이와의 여행을 끝내고 남섬에서 비행기를 타고 오면서 본 타라나키 산의 모습이 아직 나의 기억 속에 선명히 남아있었다. 영화 라스트 사무라이 촬영지로 유명한 타라나키는 뉴질랜드 북섬에서 루아페후 다음으로 높은 2,518m의 화산이다.

산에 대해 먼저 알아볼 요량으로 인터넷을 뒤적였다. 한국인 중 이 산을 오른 사람을 찾는 것은 어려웠다. 몇몇 이들이 적어 놓은 여행기를 보니 보통 험한 날씨와 기후 변화로 인해 산 정상에 오르지 못했다는 내용이 주를 이루었다. 토니에게도 연락을 해보니 날씨가 좋지 않으면 절대로 올라가지 말라는 경고 했다. 자신도 몇 주 전에 산을 올라가려다가 날씨가 너무 좋지 않아 포기했다는 것이었다. 하지만 일단은 부딪혀 보아야 하는 것이 옳다고 생각했다. 옆에는 기경이도 토니도 이안도 나를 제지할 수 있는 사람이 아무도 없었다. 나는 미친 사람처럼 산에 관한 정보를 수집하기 시작했다. 올라가는 루트, 필요한 장비, 숙소 등. 내겐 산을 올라가야 하는 는 궁극적인 목적은 없었다. 단지 정상을 밟고 싶었고, 나를 시험하고 싶었다.

타이하페를 떠나 먼저 산과 가까운 도시 뉴폴리머스로 향했다. 최대 변수는 날씨였다. 연 중 정말 맑은 날씨를 제외하고는 그 모습을 잘 드러내지 않는 타라나키. 설렘과 불안감을 안고 일찍 잠을 청했고 그다음 날 이른 새벽에 일어나 조심스럽게 백패커스를 빠져나왔다. 해가 가장 늦게 뜨는 서쪽 해안이었지만 6시 정도가 되니 날이 밝아왔다. 맥도날드에서 간단히 요기를 하고 타라나키 국립공원으로 향했다.

30분 정도 달리니 어제는 안보였던, 타라나키 산이 마침내 모습을 드러냈다. 높이 솟아오른 봉우리가 그 앞에 펼쳐진 도시의 모습과 대비되어 이질적인 느낌을 연출해냈다. 날씨는 완벽하게 화창한 날씨였고 산을 오르기엔 최적의 조건이었다.

마지막으로 산을 오른 것은 남섬에서 뮬러 헛 트랙에 갔을 때였기 때문에 실로 오랜 시간이 지난 뒤였다. 그 당시에는 몸이 걷는 것에 익숙한 상태라 산을 오르는 것이 한결 쉬웠지만, 공백 기간 동안 이렇다 할 운동조차 하지 않았던 나로선 내 몸 상태를 의심할 수밖에 없었다.

산은 경사가 매우 가팔랐다. 돌멩이 입자가 나루오헤 산보다 작았기 때문에 미끌림의 정도가 아주 심했다. 미끄러지지 않으려고 다리를 빨리 움직이다 보니 그만큼 숨이 빨리 찼고, 페이스 조절이 어려웠다. 눈앞에 펼쳐져있는 만년설로 뒤덮인 정상은 점점 가까워지는 것 같으면서도 그 거리는 좀처럼 좁혀지지가 않았다.

가빠오는 숨을 조절하기 위해 중간 중간 쉬는 틈을 많이 주었다. 그래서 그런지 나를 지나쳐 올라가는 많은 사람들을 지켜보아야 했다. 예전 같았으면 지지 않으려고 엎치락뒤치락 앞을 다퉈 나아갔겠지만, 이번 산행은 그런 생각조차 들지 않을 만큼 육체적으로 정신적으로 버거웠다.

마침내 나는 크레이터 안으로 진입했고, 마지막 고지인 서밋 포인트를 기어 올라가다시피 하여 정상에 도착했다. 2,500m 고지에서 바라본 뉴질랜드는 또 다른 운치가 있었다. 서쪽엔 바다가 보였고 동쪽으론 드넓게 펼쳐진 구름 뒤로 또 다른 화산인 루아페후와 나루오헤가 보였다.

바람이 매섭게 불어와 정상에서 그리 오랜 시간을 보내지 못했다. 앞으로 다시 저 경사진 바위를 헤치며 내려갈 생각을 눈앞이 캄캄했지만, 다치지 않고 무사히 내려가기 위해선 또 한 번 마음을 굳게 먹어야 했다. 가방의 무게가 고스란히 무릎으로 전해졌다. 욱신거리는 무릎이 과연 끝까지 버텨줄지 의문을 안고 그렇게 나는 미끄러지듯 조심스럽게 산을 내려갔다. 돌무더기 사이에서 한시라도 빨리 벗어나고 싶어 서두르던 나는 끝내 튀어나온 바위 모서리에 무릎을 찍고 그대로 자리에 주저 앉아 아픔을 견뎌야만 했다. 행여나 뼈에 이상이 있을까 까닥까닥 다리를 움직여 보았다. 다행히 약간의 출혈이 있는 타박상인 듯했다. 몸을 추스르고 다시 내려가려던 찰나 위에서 내려오는 다른 사람에 의해 떨어진 돌이 나를 빗겨 아슬아슬하게 아래로 굴러갔다. 만약 돌에 부딪혔더라면 최소한 뼈에 금이 갔을 것이라 생각하며 순간 두려움이 일렁거렸다. 위에서 "알 유 오케이?!"를 외치는 목소리가 들렸다. 나는 "아임 오케이!"를 외치고 손을 들어 괜찮다는 제스처를 보냈다. 그것을 계기로 나는 끝날 때까지 끝난 게 아니구나 라는 생각을 하며 긴장의 끈을 놓지 않고 조심스럽게 산을 내려갔다.

산을 오르는 것은 걷는 것과는 많이 달랐다. 잘 닦여있는 평탄한 길을 걷는 것은 스스로에게 여유를 부여해줄 수 있지만, 산을 올라가는 나에겐 그런 여유가 없었다. 빠른 심장 박동을 느끼며 오로지 호흡에만 집중하는 것, 그리고 정신을 붙잡고 길을 찾아가는 것. 그것만이 내가 할 수 있는 유일한 일이었다. 밑에서 내려다본 타라나키 산의 장엄함은 감탄이 절로 나오게 만드는 아름다운 것이었지만, 막상 그 안의 나는 긴장과 불안감을 안고 한 걸음 한 걸음 힘겹게 나아가는 나약한 존재일 뿐이었다.

비록 산악 전문가는 아니지만 자연이 허락하는 한 나는 아마 산을 계속 오를 것이다. 그 동기는 순수하게 자연을 정복하기 위해 산에 올랐던 어

린 시절의 동기와는 분명 달랐다. 극한의 상황에 내몰리면서까지 왜 사람들은 산을 오르려고 할까. 자신을 죽음으로 몰고 갈 수 있을지도 모르는 산을, 왜 지금 이 순간까지도 산을 오르려고 하는 것일까.

어쩌면 그 해답은 산악가 라인홀트 메스너의 문장 속에 있는지 모른다.

나는 산을 정복하려고 온 게 아니다.
또 영웅이 되어 돌아가기 위해서도 아니다.
나는 두려움을 통해서 이 세계를 알고 싶고 또 새롭게 느끼고 싶다.

에필로그

남섬 와나카의 한 백패커스에서 기경이와 이른 저녁 시간 와인을 마시면서 이런 말을 했었다. '지금 우리가 비록 헝그리하게 여행을 하고 있지만 지나고 나면 분명 이때를 그리워할 날이 올 것이다'라고 말이다. 그렇다. 그렇게 6년이 지나 각자 한국에서 치열한 삶을 살고 있는 지금. 을지로 어느 골목에서 순댓국에 소주 한잔을 곁들이며 우리는 안주거리로 뉴질랜드에서의 추억을 더듬곤 한다. 어쩌면 그리워할 수 있는 추억과 장소가 있다는 것, 그리고 지금 당장 갈 순 없지만 언제든 기회만 되면 갈 수 있다는 일종의 희망을 가지는 것은 현실 속 나에게 큰 힘이 되곤 한다.

한국에 온 이래로 나는 매주 거의 빠짐없이 이안과 통화했다. 귀국 후 안부 차 연락했던 것이 습관처럼 굳어져 6년의 시간이 흘렀다. 그러면서 이안은 내가 대학교에 복학하고 취업준비를 하고, 취업하는 과정을 지켜보았다. 가끔은 가족과 친구에게도 털어놓을 수 없는 고민과 걱정들을 이안에게 토로할 때면 그는 격려와 위로의 말들로 나를 따뜻하게 안아

주었다. 다큐멘터리 PD의 길을 포기하고 원치 않은 전공수업을 꾸역꾸역 들어가며 미래에 대한 고민과 진로에 대한 선택을 하던 순간들을 그는 나와 함께 해주었다.

데본포트에서 우연히 시작된 그와의 인연이 지금까지 이어져 오는 것이 신기할 따름이다. 비록 페이스북 메신저를 통해 듣는 음성이지만 그것은 워홀을 마친 지 오랜 시간이 지난 지금까지 나와 뉴질랜드를 연결해주는 끈이자 내가 이 책을 투고할 수 있게 이끌어 주었다.

가끔 그런 상상을 한다. '내가 만약 비자를 신청하지 않았다면 나의 삶이 어떻게 흘러갔을까' 분명 어떤 순간들로 1년이 채워지긴 했겠지만 분명 이 경험을 대체할 수는 없었을 것이다.

인생에는 시기가 있다고 생각한다. 20대는 많은 것들을 흡수하기 좋은 시기이다. 반면 나이가 들수록 행동과 생각은 정형화된다. 지금보다 아는 것이 많고 경험도 많겠지만 오히려 새로운 것을 받아들이는 폭은 더 좁아지게 된다. 매일 먹는 음식을 선택하는 것과 마찬가지로 사람도 만나던 사람만을 만난다. 자연스럽게 관계와 생활의 반경이 줄어들고 새로운 변화와 도전이 망설여진다.

워킹홀리데이를 하던 당시 나는 나이가 어린 축에 속했다. 신경 쓸 것, 잃을 것이 없었기에 대담할 수 있었다. 만일 지금처럼 직장을 다니고 어떤 책무를 다 해야 하는 상황에선 모든 것을 내려놓고 떠날 용기를 내기 어려웠으리라. 이를 알기에 선뜻 이 글을 읽는 독자 분들에게 "떠나세요."라고 말할 수는 없다. 다만, 새로운 변화에 대한 가능성. 그 계기를 도전으로써 만들어 낼 수 있음은 자신 있게 말하고 싶다. 목적이 무엇이든 간에 다시 일상으로 복귀했을 때 우리의 삶은 또 다른 경험으로 채워질 것이 분명하기 때문이다.

이 책이 누군가의 길 위에 도움을 줄 수 있는 하나의 오멘이 되었으면 하는 바람이다. 끝으로 여로에 함께한 모든 이들에게 감사의 말을 전하고 싶다.

사랑으로 나를 키워주신 부모님, 동생의 부족함을 항상 채워준 누나
손자를 항상 굽어 살피실 할머니, 가족과 다름없는 기경이와 이안.

그리고 항상 옆에서 지지와 용기를 보태어준 그녀에게
진심을 담아 감사의 말을 전한다.

아무도 나를 모르는 곳으로 가고 싶었다

초판1쇄 2022년 9월 15일
지 은 이 박유현
펴 낸 곳 하모니북

출판등록 2018년 5월 2일 제 2018-0000-68호
이 메 일 harmony.book1@gmail.com
전화번호 02-2671-5663
팩 스 02-2671-5662

ISBN 979-11-6747-066-9 03980

값 18,800원

이 도서의 국립중앙도서관 출판예정도서목록(CIP)은 서지정보유통지원시스템 홈페이지(http://seoji.nl.go.kr)와 국가자료공동목록시스템(http://www.nl.go.kr/kolisnet)에서 이용하실 수 있습니다.

색깔 있는 책을 만드는 하모니북에서 늘 함께 할 작가님을 기다립니다.
출간 문의 harmony.book1@gmail.com